"十二五"国家重点图书

震后山地地质灾害治理工程设计概要

蒋忠信 编著

西南交通大学出版社
·成都·

内容简介

本书是编著者数十年，尤其是"5·12"汶川地震后，对山地地质灾害治理工程设计的经验总结与学习心得，突出实用性与可操作性，按治理工程设计工作步骤和分部工程分步论述了设计原理与结构设计，着重于地质分析与参数、设计思路与方案、工程结构与计算，还论述了震后山地地质灾害的特点与防治对策。全书内容以工程设计为主体，辅以勘查要点和施工技术，共分滑坡与边坡、预应力锚索、崩塌落石、泥石流和勘查设计工作要点等5部分。

本书作为山地地质灾害治理工程设计的带指南性质的简明读本，可供从事滑坡、崩塌、泥石流治理的工程技术人员参考使用，也可供大专院校相关专业师生阅读。

图书在版编目（CIP）数据

震后山地地质灾害治理工程设计概要/蒋忠信编著.
—成都：西南交通大学出版社，2015.5
ISBN 978-7-5643-3865-7

Ⅰ.①震… Ⅱ.①蒋… Ⅲ.①地震次生灾害－山地灾害－灾害防治 Ⅳ.①P694

中国版本图书馆 CIP 数据核字（2015）第 088512 号

震后山地地质灾害治理工程设计概要

蒋忠信　编著

*

责任编辑　姜锡伟
封面设计　墨创文化

西南交通大学出版社出版发行
四川省成都市金牛区交大路 146 号　邮政编码:610031　发行部电话:028-87600564
http://www.xnjdcbs.com
成都中铁二局永经堂印务有限责任公司印刷

*

成品尺寸：170 mm × 230 mm　　印张：14.5
字数：189 千
2015 年 5 月第 1 版　　2015 年 5 月第 1 次印刷
ISBN 978-7-5643-3865-7
定价：38.00 元

图书如有印装质量问题　本社负责退换
版权所有　盗版必究　举报电话：028-87600562

前　言

2008年5月12日及近5年后的2013年4月20日，伴随西蜀大地的剧烈晃动，无数崩塌、滑坡、泥石流等山地地质灾害被促发了、孕育了。它们星罗棋布、规模硕大、内藏玄机，减灾防灾面临诸多困惑，虽经历年奋斗，仍任重道远，诸如治理工程设计的队伍建设、人才培训和技术储备，至今尚难以完全与之适应。于是，在相关设计规范、手册全部出台前的过渡期，有一本类似设计指南的参考工具书面世，就显得必要。本人不才，集工作经验和学习心得，在相关培训讲稿的基础上，扩充修订成本概要，希冀充当山地地质灾害治理工程设计的带指南性质的简明读本。

本概要属经验性，总结本人数十载尤其是"5·12"地震后的学习体会、工作经验与教训反思，附以典型案例，但难免瞎子摸象；凸显实用性，重在工程地质分析、合理厘定参数、廓清设计思路、优选工程方案、分部工程结构、推荐计算公式，对理论难题点到即止；具可操作性，对山地地质灾害各灾种，以设计工作步骤为主线分步展开论述，对主要工程类型，按分部工程逐一阐述其结构设计原理；力图简明，不畏以偏盖全，对一般设计人员业已掌握的基础知识和设计技能概不赘述，对权作参考的内容排以楷体字，可跳读；既体现一般性山地地质灾害治理工程设计的共性，又突出"5·12"地震后的新特点，提出对策，然尚属探讨性质。

本概要的内容以工程设计为主体，辅以必要的勘查要点和施工技术；以文字论述为主体，辅以较多图表，尤其是推荐了众多计算公式。全书共分5部分，其中3个部分按灾种分述滑坡与边坡、崩塌落石、泥石流的工程设计，对加固滑坡新一代技术的预应力锚索则专用1个部分论述其技术问题、工程设计和施工技术，最后1个部分简述山地地质灾害治理工程勘查与施工图设计的工作要点。

感谢铁路、公路、机场、中国科学院、市政、水利水电及移民等系统，尤其是四川省国土资源系统的同行、专家和领导提供的合作和学习的机遇，特别铭记已故著名泥石流专家陈光曦教授、谭炳炎教授的指教。本概要中可能不乏与主流思潮不合甚至片面的观点与谬误，恳请广大技术同行不吝赐教与斧正，谨此由衷致谢！

蒋忠信

2013年5月13日于成都曦城

目 录

1 滑坡、边坡治理工程设计 ………………………………………………… 1
  1.1 滑坡的基本问题 …………………………………………………… 2
    1.1.1 滑坡与边坡问题的区分 …………………………………… 2
    1.1.2 地质模型的选择 …………………………………………… 2
    1.1.3 滑动面抗剪强度指标的确定 ……………………………… 3
    1.1.4 设计工况及安全系数的选取 ……………………………… 4
    1.1.5 稳定性与推力的计算 ……………………………………… 5
      1.1.5.1 稳定性检算 …………………………………………… 5
      1.1.5.2 推力计算 ……………………………………………… 7
  1.2 抗滑工程设计 ……………………………………………………… 8
    1.2.1 主要抗滑支挡工程措施比选 ……………………………… 8
    1.2.2 抗滑工程设置 ……………………………………………… 10
    1.2.3 抗滑桩设计 ………………………………………………… 10
      1.2.3.1 设计推力及其分布 …………………………………… 10
      1.2.3.2 抗滑桩结构设计 ……………………………………… 11
      1.2.3.3 抗滑桩结构类型 ……………………………………… 13
      1.2.3.4 微型钢管桩 …………………………………………… 15
      1.2.3.5 锚拉桩 ………………………………………………… 16
    1.2.4 人工挖孔抗滑桩施工组织设计 …………………………… 17
    1.2.5 （抗滑）挡土墙 …………………………………………… 19
      1.2.5.1 挡土墙类型 …………………………………………… 19

编者注：本书目录中的标题根据重要性体现，不全部列出。

  1.2.5.2 挡土墙检算 ·· 22
  1.2.5.3 土压力 ·· 25
  1.2.5.4 挡土墙结构 ·· 28
  1.2.5.5 锚杆挡土墙 ·· 29
 1.2.6 其他常用抗滑工程措施 ··· 30
  1.2.6.1 减载、反压 ·· 30
  1.2.6.2 地表截排水工程 ·· 31
  1.2.6.3 地下截排水工程 ·· 32
  1.2.6.4 支撑渗沟 ·· 36
1.3 边坡与变形体治理 ·· 38
 1.3.1 边坡加固问题 ·· 38
  1.3.1.1 切坡问题 ·· 38
  1.3.1.2 土钉墙 ·· 40
  1.3.1.3 喷锚与格架锚杆 ·· 43
  1.3.1.4 边坡的临界高度 H 与破裂角 α ·· 45
  1.3.1.5 桩-墙复合结构 ·· 47
 1.3.2 坡面防护与环境 ··· 48
参考文献 ·· 52

2 预应力锚索技术、设计与施工 ·· 57
2.1 预应力锚索技术 ·· 57
 2.1.1 预应力锚固技术 ··· 57
 2.1.2 预应力锚索的类型 ··· 58
 2.1.3 预应力锚索的适用条件 ·· 61
 2.1.4 拉力式预应力锚索结构 ·· 61
2.2 预应力锚索的力学问题 ··· 63
 2.2.1 预应力锚索加固滑坡的力学原理 ··· 63
 2.2.2 预应力锚索加固松散滑体的应力传递与响应 ····························· 64
 2.2.3 锚索的预应力损失 ··· 65

2.2.4　锚索的锚固力分布 …………………………………………… 68
2.3　预应力锚索的主要设计原则 ………………………………………… 71
　　2.3.1　确定滑动面的强度指标及滑坡下滑力 …………………… 71
　　2.3.2　确定锚固力与张拉值 ………………………………………… 72
　　2.3.3　确定锚索下倾角 ……………………………………………… 73
　　2.3.4　确定内锚固段长度 …………………………………………… 74
　　2.3.5　确定锚索结构和孔径 ………………………………………… 77
　　2.3.6　确定锚索吨位、间距和排数 ………………………………… 77
　　2.3.7　垫墩/格梁、锚具、封锚、连梁 …………………………… 79
2.4　预应力锚索施工技术 …………………………………………………… 80
　　2.4.1　预应力锚索施工工艺要点 …………………………………… 80
　　2.4.2　滑坡体锚孔钻进工艺问题与对策 …………………………… 85
　　2.4.3　预应力锚索施工工艺问题及探讨 …………………………… 89
　　2.4.4　工程实例：南昆铁路八渡车站巨型滑坡的
　　　　　　综合整治 ………………………………………………………… 93
参考文献 ……………………………………………………………………………… 96

3　崩塌（危岩）治理工程设计 ……………………………………………… 99
3.1　崩塌-危岩地质分析 …………………………………………………… 99
　　3.1.1　崩塌坡体分带 ………………………………………………… 99
　　3.1.2　危岩稳定性分析 ……………………………………………… 100
3.2　危岩主动治理工程设计 ……………………………………………… 103
　　3.2.1　危岩主动治理工程措施 ……………………………………… 103
　　　　3.2.1.1　清危与补缝 ………………………………………… 104
　　　　3.2.1.2　锚　　固 …………………………………………… 104
　　　　3.2.1.3　防　　护 …………………………………………… 106
　　　　3.2.1.4　支　　顶 …………………………………………… 106
　　　　3.2.1.5　锁口与障桩 ………………………………………… 109
　　3.2.2　主动加固后危岩稳定性计算问题 …………………………… 111

3.3 危岩落石被动防护工程设计 ……111
3.3.1 危岩落石被动防护工程措施 ……111
3.3.1.1 拦石墙-落石槽 ……112
3.3.1.2 SNS 柔性被动防护网 ……113
3.3.1.3 明（棚）洞 ……114
3.3.2 落石计算问题 ……116
3.4 地质灾害柔性防护技术 ……117
3.4.1 柔性防护技术的发展与应用 ……117
3.4.2 SNS 被动防护系统 ……118
3.4.3 SNS 主动防护系统 ……119
3.5 中下部崩塌防治工程措施 ……120
3.5.1 中部基岩风化带的防治措施 ……120
3.5.2 下部堆积体的拦挡措施 ……121
附录 3.1 成昆铁路爆破震动现场试验成果 ……121
附录 3.2 落石运动力学参数计算 ……122
参考文献 ……126

4 泥石流治理工程设计 ……128
4.1 泥石流参数的计算方法 ……128
4.1.1 重度与流性 ……128
4.1.2 松散固体物源与堆积范围 ……130
4.1.3 流速 ……134
4.1.4 峰值流量 ……137
4.1.5 据弯道泥痕计算流速、流量 ……140
4.1.6 一次泥石流过程总量 ……142
4.1.7 泥石流冲击参数 ……142
4.2 地震区泥石流参数与工程问题 ……144
4.2.1 泥石流沟的判别 ……144
4.2.2 泥石流暴发频率与流性的变化 ……148

4.2.3 泥石流峰值流量的修正 ················· 150
4.2.4 全流域统筹防治泥石流的原则 ············· 151
4.2.5 主-支沟泥石流关联问题 ················ 151
4.2.6 地震堰塞体及其利用问题 ··············· 152
4.3 泥石流治理工程的总体方案 ················· 154
4.3.1 泥石流治理工程的类型和总体原则 ··········· 154
4.3.2 设防标准和拦排泥石流固体物质的总体规模 ······ 155
4.3.3 固体物质拦与排的分配比例 ·············· 156
4.4 泥石流拦砂工程设计要点 ·················· 159
4.4.1 拦砂工程类型 ·················· 159
4.4.2 坝位与坝数 ··················· 160
4.4.3 实体坝结构设计 ················· 160
4.4.3.1 坝体结构尺寸 ············· 160
4.4.3.2 坝基与坝肩 ·············· 163
4.4.3.3 溢流口与排水孔 ············ 164
4.4.3.4 坝的稳定性检算 ············ 166
4.4.3.5 坝的应力检算 ············· 169
4.4.3.6 坝下消能防冲工程 ··········· 170
4.4.3.7 坝下护坦设计 ············· 171
4.4.4 透过性坝结构设计 ················ 173
4.4.5 桩林坝与拱承坝 ················· 175
4.4.6 泥石流柔性防护栅栏 ··············· 176
4.4.7 坝的优化设计 ·················· 178
4.5 泥石流排导槽设计要点 ··················· 178
4.5.1 平、纵、断面设计 ················ 178
4.5.2 结构设计 ···················· 182
4.5.3 V形槽 ····················· 186
4.5.4 石 笼 ····················· 187
4.6 其他泥石流防治工程措施 ·················· 188

  4.6.1 固坡工程·················188
  4.6.2 水沙分流与引水冲沙·········189
  4.6.3 导流-防护堤··············190
    4.6.3.1 圬工堤············190
    4.6.3.2 土堤及护面··········191
    4.6.3.3 埋深及防冲··········192
  4.6.4 潜槛群··················193
  4.6.5 停淤场··················194
  4.6.6 渡　槽··················196
  4.6.7 生物工程················198
 4.7 泥石流防治工程的其他设计问题······199
  4.7.1 坝的渗透破坏问题···········199
  4.7.2 桥基冲刷问题··············200
  4.7.3 施工运输、弃渣处置与通道恢复问题···201
  4.7.4 清库与堤坝问题············203
 附录 4.1 滑坡坝溢流溃坝坝址峰值流量及
     堰塞体体积计算············204
 附录 4.2 渗透变形判别公式·············211
 参考文献·························212

5 治理工程勘查设计工作要点·············217
 5.1 滑坡、不稳定斜坡勘查要点·········217
 5.2 崩塌（危岩）勘查要点············218
 5.3 泥石流工程勘查要点·············218
 5.4 施工图设计工作与文件组成·········220
  5.4.1 施工图设计的主要工作········220
  5.4.2 施工图设计文件的组成与内容····221

1 滑坡、边坡治理工程设计

经震后初步排查,"5·12"汶川大地震在四川全省诱发山体滑坡9 326处,造成了巨大的人员伤亡和财产损失。例如,北川县城王家岩滑坡,掩埋机关、学校、民居,死亡1 600人。

汶川地震诱发的滑坡包括新生滑坡和复活的古滑坡;这些滑坡中含有已突滑的滑坡和已变形但尚未突滑的不稳定斜坡。此外,震后若干年内,大量新的滑坡还会不断孕育。

鉴于地震诱发滑坡的数量巨大、类型复杂、性质特殊,因此在灾后重建中,滑坡灾害的防治工作任重道远,治理工程设计有若干新问题值得探讨。

除地震诱发外,降雨尤其是暴雨、河水涨落与侧蚀所致自然滑坡仍多见;下部切坡与减载、上部堆载、水库浸泡运行、沟渠渗水漏水、爆破震动、洞室开挖等人为活动诱发的工程滑坡也较普遍[1];边坡失稳则多为开挖高陡临空面及填土不当所致。

自然滑坡的发育除受地形地质条件控制外,水热条件的坡向分异也是一个宏观因素。以云南省为例,易发育滑坡的朝向按顺序为南坡>西南坡>东北坡>西北坡和东南坡(图1.1)[2]。

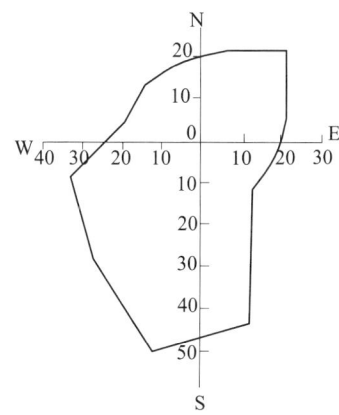

图1.1 云南滑坡之坡向分布玫瑰图[2]

1.1 滑坡的基本问题

1.1.1 滑坡与边坡问题的区分

滑坡受滑动面控制，后缘弧形拉张裂缝连续并下错，有两侧羽状雁行剪切裂缝、中部横向鼓胀裂缝、前缘剪出口及坍塌、隆起等变形迹象相配套；其治理的主体工程为抗滑，承受下滑力。

边坡失稳总体上受破裂面控制，后缘横向裂缝张开但少下错，位置靠坡肩内不远，在坡脚形成塑性压缩区；其治理的主体工程为支护，抵抗土压力。潜在破裂面后缘距坡脚的水平距离可按经典破裂角公式（$\alpha = \beta/2 + \varphi/2$）进行估算。

四川某机场为加固高逾百米的填土边坡，在坡脚抗滑桩以上的边坡内耗巨资铺设土工格栅数十层，格栅长 20 m，铺于坡面以内 20 m 至 40 m 的范围；填土完工后边坡仍发生大规模坍滑，滑体从桩顶越出，还推倒桩前 20 m 外的挡土墙。滑体后缘仅距坡肩十余米，土工格栅未能起作用。

1.1.2 地质模型的选择

据变形机理与阶段，选择供稳定性计算的地质模型[3]。

填筑边坡坍滑和土质滑坡多由破裂面控制，滑面实际上多呈浅圆弧形，后缘裂缝不明显时可搜索最危险滑弧，其后缘一般距坡肩不远；倾斜基底的填筑体坍滑面多为复合型，由填筑体中的陡直浅弧形和顺基底直线形合成；浅表土层滑坡多顺基覆界面呈折线形滑动，基覆界面阶状起伏时可从中部剪出，形成多级滑动；基岩滑动面多呈二折线形，顺层滑坡为直线形；古滑坡复活的滑面可与古滑面上下叠置或部分重合。

汶川地震诱发滑坡多为浅表层覆土顺基岩面的滑动，滑体长而薄，滑动面较陡直，要考虑多级滑动之可能。

空间上，一般滑坡的滑动面为倾斜平面或椅形曲面，可分别用一次或二次趋势面定量描述[4]。

此外，库区边坡应据岸坡结构预测坍岸的范围与模式[5]。

随滑坡的发展，地质模型可进一步演化。四川前述机场2009年10月发生的12号滑坡原为倾斜基底上高填坡体的近圆弧形的边坡坍滑，边坡高逾120 m，坍滑体积约500万 m³，后缘距坡口30 m；因未及时根治，受滑坡高陡后壁的牵引，2011年1月后缘裂缝已发展至距坡口100 m的道面区，两侧剪切裂缝羽状密布，场区土面明显外斜，已形成顺倾斜基底的整体滑坡，需耗巨资整治后方能复航。

1.1.3　滑动面抗剪强度指标的确定

据滑带土剪切试验和地质类比法获取 c、φ 值，条件适合时则可采用反算法来确定。其中，对已形成的滑动面尽可能开展现场大剪试验，对尚未发育出滑动面的潜在滑带土则进行粗粒土剪切试验。

剪切试验，即使是现场大剪试验，也要有代表性，否则偏差太大，甚至误导。例如四川前述的倾斜软弱富水基底高填方机场，填筑于坡度十多度的单面山面坡上，基岩顶层为不透水的炭质泥岩，上覆数米厚具胀缩性的粉质黏土且富水，施工前就已发现了6处天然老滑坡。勘查中进行了十多处现场大剪试验，但因代表性差，所提抗剪强度指标过高，算得天然稳定系数在4.0左右，高填方竣工后的稳定系数都在2.0以上。在其误导下，未对基底和填筑体进行加固，导致填土期间多次滑坡[6]。

同时，要根据滑坡的变形阶段，选择采用剪切试验所得 c、φ 值的峰值、残值或半残值。对常规试验，有的省市考虑试样中已剔除了大颗粒而采用同时降低 c 值、增大 φ 值的取值方法，尚属经验之举，c、φ 值调整比例还缺乏定量依据。

反算法系根据当前的滑坡状态，据经验确定其稳定系数，再反算 c、φ 值。当滑坡处于蠕动阶段（前后缘有明显变形但滑面尚未贯通）、滑动阶段（滑面已贯通而处于临界稳定状态）时，现状稳定系数可分别在 1.10~1.00、1.00~0.95 内取值[7]；当滑坡无明显变形时，现状稳定系数无法确定，不适于反算。

滑坡剧滑后，也可恢复至原地面，稳定系数取 0.95 以下进行反算。但反演所得为原生强度，即使考虑强度再生[8]，短期内一般也难恢复到原始强度，c、φ 取值还可酌情降低。

1.1.4 设计工况及安全系数的选取

设计工况一般取天然、暴雨、地震三种。由于暴雨时发生地震的概率极低，一般无须考虑暴雨+地震的工况。对于Ⅵ度地震区，不必考虑地震工况。

对暴雨工况，要根据水文地质条件确定饱水深度、动水压力，以及滑面 c、φ 值和饱水滑体重度的变化。

当滑坡前部受库水或河水影响时，要补充水位涨落的工况，根据消落带的高度和消落速率，确定滑体浸润曲线[9]及相应的物理力学参数。

设计安全系数应根据不同工况、工程的重要等级原则上按现行规范确定。为贯彻"以人为本"的思想，按危及人数划分工程等级，不同等级取相应安全系数，可比现行规范值酌情提高。比如，对于常采用为设计工况的暴雨工况，其安全系数对于Ⅰ级工程不小于 1.15，Ⅱ级工程可取 1.10~1.15，Ⅲ级工程可取 1.05~1.10。

同时，勘查工作的深细度影响着工程条件的确定性，地质情况清晰者的安全系数应取其中较低值，不清晰者应取较高值（如应急勘查）。

此外，地表截排水工程对提高滑坡稳定性的作用现尚难定量计算，此时可适当降低安全系数的取值。

1.1.5 稳定性与推力的计算

1.1.5.1 稳定性检算

稳定性分圆弧形滑面和折线形滑面两种模式检算。

（1）圆弧形滑面。

稳定系数 K：

$$K = \frac{W_2 d_2 + cLR}{W_1 d_1} \tag{1.1}$$

式中　W_1、W_2——下滑段、阻滑段的滑体重（kN/m）；
　　　d_1、d_2——W_1、W_2 重心至滑面圆心铅垂线的力臂（m）；
　　　L、R、c——滑动圆弧的全长（m）、半径（m）、黏聚力（kPa）。

（2）折线形滑面。

实践中多将滑面近似为多折线形，现行规范多按极限平衡法计算稳定性。

稳定系数 K：

$$K = \frac{\sum_{i=1}^{n-1}\left(R_i \prod_{j=1}^{n-1} \psi_j\right) + R_n}{\sum_{i=1}^{n-1}\left(T_i \prod_{j=1}^{n-1} \psi_j\right) + T_n} \tag{1.2}$$

地震工况下滑坡的稳定性检算，除一般考虑的水平向惯性力之外，有学者认为在Ⅷ度以上强震下，还应叠加考虑会减轻滑体有效重而促滑的超静孔隙水压力，以策安全[10]。

根据稳定系数计算结果作出的稳定性评价应与滑坡的实际情况相一致，不一致时应从计算参数取值和地质模型上找原因，修正后重新计算。

① 对土质滑坡：

$$R_i = [W_i \cos\alpha_i - Q_i \sin\alpha_i - D_i \sin(\beta_i - \alpha_i)]\tan\varphi_i + c_i l_i$$
$$(i = 1, \cdots, n) \tag{1.3}$$

$$T_i = W_i \sin\alpha_i + Q_i \cos\alpha_i + D_i \cos(\beta_i - \alpha_i)$$
$$(i = 1, \cdots, n) \quad (1.4)$$

传递系数 $\psi_j = \cos(\alpha_i - \alpha_{i+1}) - \sin(\alpha_i - \alpha_{i+1})\tan\varphi_{i+1}$
$$(i = j) \quad (1.5)$$

式中 R_i、T_i——第 i 条块下滑力、抗滑力（kN/m）。

c_i、φ_i——第 i 条块滑面的黏聚力（kPa）、内摩擦角（°）。

α——条块滑面倾角（°）。

n——条块数。

Q_i 为第 i 条块地震力（kN/m）：

$$Q = \xi W \quad (\xi \text{ 为地震水平系数}) \quad (1.6)$$

D_i 为第 i 条块动水压力（kN/m），当存在压力水头时：

$$D = 10h \cdot l \cdot \cos\alpha \sin\beta \quad (1.7)$$

其中：h 为地下水位至河水位的高度（m）；l 为滑块长度（m）；β 为滑块地下水流线的平均倾角（°）。当滑体饱水时，除考虑动水压力 D 外，要同时考虑浮托力 U_t：

$$D = 10h_t \cdot l \cdot n \cdot \sin\beta \quad (1.8)$$

$$U_t = 10l \cdot h_t(1-n)\cos\beta \quad (1.9)$$

其中：n 为滑体孔隙度；l 为滑面长（m）；h_t 为饱水高度（m）。

② 对岩质滑坡：

$$R_i = [W_i \cos\alpha_i - Q_i \sin\alpha_i - V\sin\alpha_1 - U]\tan\varphi_i + c_i l_i$$
$$(i = 1, \cdots, n) \quad (1.10)$$

$$T_i = W_i \sin\alpha_i + Q_i \cos\alpha_i + V\cos\alpha_1 \quad (i = 1, \cdots, n) \quad (1.11)$$

式中 V——后缘裂隙水压力：

$$V = 5h_w^2 \quad (h_w \text{ 为裂隙充水高度，m}) \quad (1.12)$$

U 为扬压力：

$$U = 5l \cdot h_w \quad (l \text{ 为滑面总长，m}) \quad (1.13)$$

1.1.5.2 推力计算

滑坡剩余下滑力按传递系数法计算,又分荷载增大法($KW\sin\alpha$)和强度折减法(c/K、$\tan\varphi/K$),为不同规范分别选用。

对于荷载增大法:

$$F_1 = F_{i-1} \cdot \psi_{i-1} + K_1 \cdot T_i - R_i \tag{1.14}$$

对于强度折减法,不再对下滑分力 $W\sin\alpha$ 乘以设计安全系数 K_1,而是对抗滑强度参数 c、φ 值按 c/K_1、$\tan\varphi/K_1$ 折减。

二者的关系为:荷载增大法所得滑坡推力 $F_1 = K_1 \times$ 强度折减法所得滑坡推力 F_2[11]。

当滑动面形态典型时,笔者[12]利用极限平衡法原理,直接根据现状稳定系数 K_0、设计安全系数 K_1、单宽滑体重量 W 以及滑面形态特征按以下公式简易地估算下滑力 F(图1.2)。

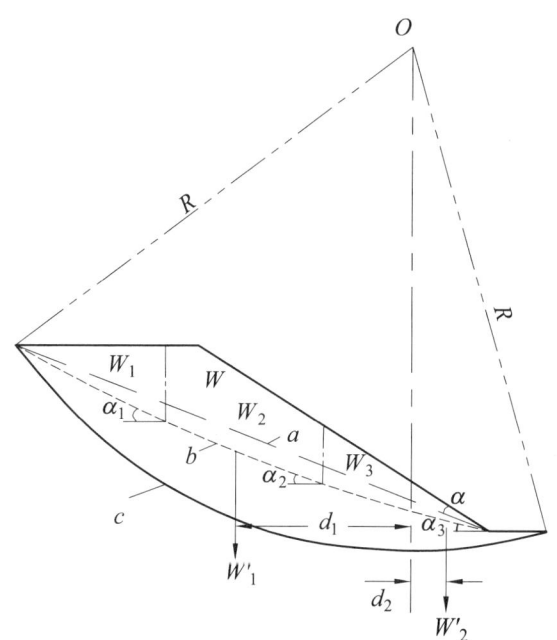

图1.2 不同形态滑动面的推力估算剖面[11]

a—平直形滑面及其参数(W、α);
b—近于平直的折线形滑面及其参数(W_1、W_2、W_3、α_1、α_2、α_3);
c—圆弧形(近似圆弧的折线形)滑面及其参数(W'_1、W'_2、d_1、d_2、R)

对直线形滑面：

$$F_1 = W\sin\alpha \cdot (K_1 - K_0) \quad \text{——荷载增大法} \qquad (1.15)$$

$$F_2 = \frac{W\sin\alpha \cdot (K_1 - K_0)}{K_1} \quad \text{——强度折减法} \qquad (1.16)$$

式中 α——滑面同水平面夹角（°）。

将折线形滑面近似为直线形，则上式所得推力稍偏大。

对圆弧形滑面：

$$F_1 = \left(\frac{W_1 d_1}{R} - \frac{W_2 d_2}{R}\right) \cdot (K_1 - 1) \quad \text{——荷载增大法} \qquad (1.17)$$

$$F_2 = \frac{\left(\frac{W_1 d_1}{R} - \frac{W_2 d_2}{R}\right) \cdot (K_1 - 1)}{K_1} \quad \text{——强度折减法} \qquad (1.18)$$

式中 d_i——下滑段、阻滑段重心至滑面圆心的水平距离（m）；
R——圆弧滑面半径（m）。

1.2 抗滑工程设计

1.2.1 主要抗滑支挡工程措施比选

1.2.1.1 主要抗滑支挡工程类型

国内抗滑支挡工程技术在20世纪历经了一个发展过程：新中国成立初期的截排水＋挡土墙→60年代的抗滑挡墙＋支撑渗沟→70年代的抗滑桩及复合桩→80年代的预应力锚索[13]。

各类抗滑工程均有其优点和适用条件，传统技术并非一无是处，新技术也不能包打天下。目前，主要抗滑支挡工程类型采用抗滑挡土墙、抗滑桩、预应力锚索及复合结构锚索桩、桩板墙等。

复合抗滑支挡结构的实践超前于理论，其设计方法尚在探索中，锚索桩囿于桩与锚的受力分配和协调变形[14]，桩板墙囿于桩间土拱理论和板的受力。

一般地，抗滑挡土墙用于支挡推力较小的滑坡（经验为<300 kN/m）；抗滑桩与预应力锚索用于加固推力较大的滑坡，其中仅从经济性考虑，抗滑桩宜用于滑体较薄者，预应力锚索宜用于滑体较厚者；锚索桩用于推力过大或桩过长的滑坡；桩板墙用于桩间要回填土或桩间土不稳定的滑坡（边坡）。

应急抢险多采用工效高但费用也较高的微型钢管桩。如四川前述机场在 12 号滑坡突滑后立即在滑坡后缘以外的土面区设 3 排钢管桩应急加固，短期内遏制了滑坡向其后场区的急剧牵引变形，维持了近一年的基本通航。但因钢管桩以边坡潜在破裂面为滑面进行设计，桩长有限，不到一年就越过桩底重新滑移，仅起到临时应急抢险加固之作用。

1.2.1.2 预应力锚索与抗滑桩的比较

（1）原理上，预应力锚索是主动加固，可改善岩土体及结构面的强度，而抗滑桩是被动支挡。

（2）变形上，预应力锚索尤其适合于保护允许变形较小的工程结构（如隧道），而抗滑桩允许变形较大。同时，预应力锚索加固面积大，滞后变形的未加固区较小。

（3）地质上，岩质滑坡加固采用预应力锚索比采用抗滑桩的效果更好；而土质滑坡则相反，采用抗滑桩比采用预应力锚索的效果更好。

（4）经济上，滑体较厚时宜用预应力锚索，滑体较薄时宜用抗滑桩。因为锚索长度与滑体厚度仅成线性关系，而抗滑桩不但长度而且截面面积和配筋都与滑体厚度同时成一定的线性关系，因而工程量更大。

1.2.2 抗滑工程设置

纵剖面上，抗滑工程应尽量设在阻滑段（最好是滑坡前缘）、滑体较薄处、基岩埋深较浅处、被保护对象前后、有施工空间处。平面上，抗滑工程多平行于等高线而成排状；亦可据地形或保护对象而分段设置，总体呈阶状。

抗滑工程的设置范围，理论上宜适当超出滑体边界。但因地震诱发滑坡往往规模很大、保护对象较少、治理经费有限，故在无突滑堵沟造成次生灾害的前提下，可酌情减小工程范围，仅在有保护对象的范围内设置。

滑体推力大者，或滑体过长可能多级剪出者，可设两排甚至多排抗滑工程。但多排桩的应力传递和分配问题尚未解决，尤其是相距甚近的两排桩的力学问题有待探讨[15]。可暂以分级抗滑检算或总抗滑力检算进行设计。有学者认为两排桩间相距大于8倍桩径时，前排桩与单排桩所受主动土压力相同[16]。

1.2.3 抗滑桩设计[17]

1.2.3.1 设计推力及其分布

当桩前滑体会失稳形成悬臂时，按设桩处推力作为设计推力；当桩前滑体不会失稳时，按设桩处推力与桩前抗力之差作为设计推力，桩前抗力取桩前抗滑力和被动土压力二者中之小者（图1.3）。在滑坡前缘设桩可近似采用出口剩余下滑力。

桩前被动土压力的估算较复杂，由于桩间存在土拱，是否按桩体宽度计算被动土压力还有待探讨；桩的位移往往较小，被动土压力不能充分发挥，如何取值也是问题。

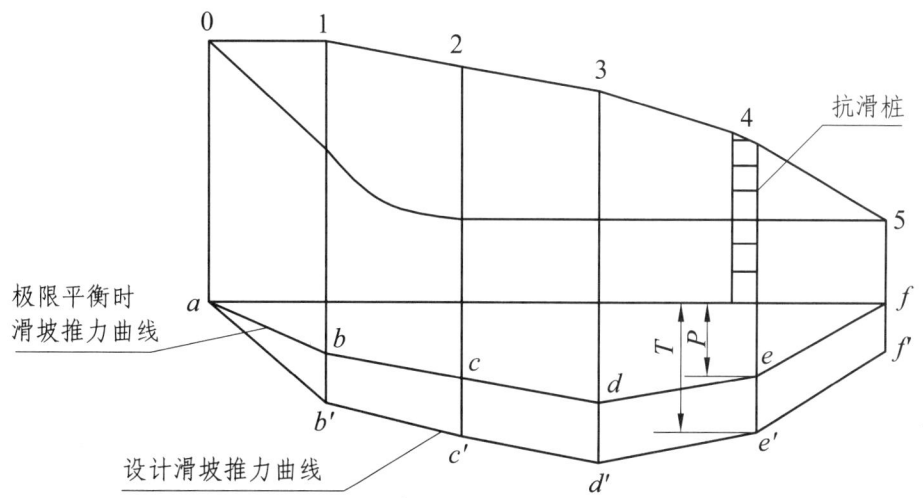

图 1.3　滑坡推力曲线[18]

T—桩上滑坡推力（kN/m）；P—桩前滑体抗力（kN/m）

滑坡推力的分布形式，理论上，主要以内摩擦角抗剪的松散体滑坡推力呈三角形分布，岩质滑坡和均匀蠕动的黏聚力较大土层滑坡的推力呈矩形分布[19]。实际上，土质滑坡的推力一般多呈抛物线形非线性分布[20]，近似采用梯形分布较合适。

1.2.3.2　抗滑桩结构设计

（1）桩间距。

桩间土土拱理论和合理桩间距问题现正处于热烈探讨中，土拱的平面形状、竖向上土拱厚度的变化、形成土拱的力学机制这些问题均待研究[21]。土拱的形成，有仅强调计桩间土与桩侧面摩阻的，也有仅计桩背面抗力的，亦有计桩侧摩阻力与桩背抗力共同作用的。

合理桩间距与桩间土强度、桩的截面尺寸有关。据经验，桩心间距一般采用 4 m～8 m，净间距为 3 m～5 m。同样推力下，桩过密而小则护壁工程量比例增大，显得不经济；桩过疏则桩间土可能形不成土拱而失稳。相关规范将最大桩间距放宽为 10 m[18] 或桩宽的 5 倍[22]，对土质较松软的滑体似偏大。笔者在南昆铁路膨胀岩土路基工程试验段发现，支挡边坡的抗滑桩在桩心距 8 m、净间距大于 6 m 时，桩间土发生挤出坍塌，应为教训[23]。

（2）桩高与嵌固段长度。

桩的高度一般齐坡面，形成全埋式桩，据坡面地形可分段设为不同高度。在前缘临空面设桩，或在滑体由厚变薄处设桩，应据从桩顶剪出的滑移模式进行越顶检算来控制；必要时桩可高于坡面并在桩后回填坡体，以免桩后滑体越桩顶剪出。坡面较平缓而无越顶可能时，亦可将上部做成空桩以减小桩身工程。越顶检算应搜索桩顶滑体中的潜在滑面，并相应采用滑体土的抗剪强度指标。

嵌固段长度据检算确定，且要求不会从桩底产生深层滑动。在无深层滑动条件下，嵌固段长度的经验值是桩全长的 1/2（土层）～ 1/3（岩层），锚拉桩减小为 1/3（土层）～ 1/4（岩层）。

嵌固段可不将全长设于基岩中风化层中，部分仍可设于强风化层甚至土层中。此时的综合计算方法尚不成熟，可对强风化层、土层的嵌固力按经验折减，或按 mk 法将抗力设为等面积梯形来近似计算。

桩的长度应与截面大小相匹配，不要太过细长，有规范认为悬臂段长度不宜超过桩截面长度的 6 倍[22]。

（3）桩截面与配筋。

虽然圆形桩与等截面面积矩形桩的效果相当，但以往在我国，廉价人工开挖桩井的矩形桩比机械钻井的圆形桩要经济且易于施工，因此桩截面一般采用矩形，长宽比为 1∶1.25～1∶1.5。受桩井开挖控制，矩形短边长不宜小于 1.0 m～1.25 m，此时加上护壁空间，开挖作业面不会短于 1.15 m。

从抗弯矩角度考虑，以长边顺滑移方向的矩形截面为优，但在受施工空间限制或桩前土体抗力不足且抗弯矩有余时，亦可设成正方形的方桩甚至短边顺滑移方向的扁桩。

桩身混凝土强度等级不低于C20，常用C25，不必高至C30；锁口、护壁混凝土强度等级不低于C15。土层中护壁厚度一般不大于15 cm，基岩强风化层中护壁要减薄，中风化层中可取消护壁。

桩截面根据滑面处的弯矩和剪力配筋[24]。配筋中要注意构造筋和箍筋的合理而不过多，受力筋要纵向截筋但不要过分，要满足保护层厚度的要求，现两肢或三肢成束的受力筋是不得已而为之。

桩的截面面积与配筋要协调。按抗弯矩与剪力配筋后，当配筋率偏低时（一般每立方米桩体不少于100 kg），要复核桩截面是否偏大，在桩抗力满足要求的前提下优化桩的截面尺寸。据经验，对1 m^{2}截面的桩体合理配筋至少可抗3 000~4 000 kN·m的弯矩。例如，对设计推力1 000 kN/m、桩心距5 m、受荷段长10 m的抗滑桩，截面2 m×3 m是合适的。

（4）不同剖面细化设计。

滑坡纵剖面不应过疏，间距以50~100 m为宜。不宜为减少勘查费用而过分削减勘探剖面，桩位横剖面上的勘探点还可加密。

滑坡不同剖面的推力及地形地质条件不同，桩的高度、截面、嵌固段长度、配筋均应不同，从而组合设计成不同桩型，达到施工图深细度。

桩顶高度要平齐，困难时可顺应地形而呈阶状。切忌套用同一桩型于不同地段。如宜宾某场镇道路滑坡，在道路堡坎前采用抗滑桩支撑，但近百根抗滑桩套用同一长度单一桩型，并要求嵌入中风化基岩同一深度。由于基岩中风化面波状起伏，竣工后桩顶高低不齐、高差甚大，致使各桩的支撑高度不一，低桩支撑作用不足，且景观怪异，饱受责问，花费大力气整改。

1.2.3.3 抗滑桩结构类型

在一般抗滑桩的基础上，还衍生出不同的新结构型式（图

1.4）[17]。包括椅形桩墙、Π形刚架桩、排架抗滑桩和 h 形抗滑桩。其共同点都是将前后两桩用梁架相连，理论上认为抗滑力比两单桩之和更大。

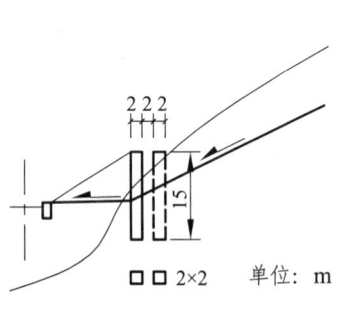

（a）一般抗滑桩排

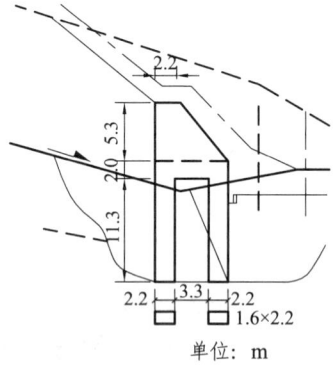

（b）椅形桩墙
（枝柳铁路施容溪滑坡）

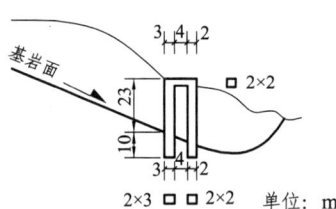

（c）Π形刚架桩
（枝柳铁路罗依溪滑坡）

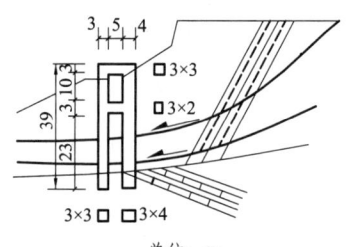

（d）排架抗滑桩
（成昆铁路玉田滑坡）

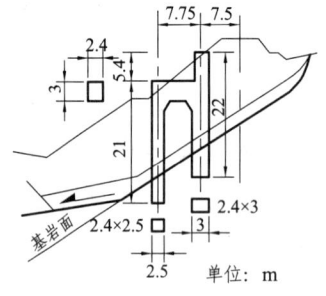

（e）h 形抗滑桩
（川黔铁路 K180 路堤滑坡）

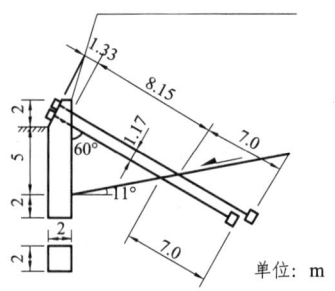

（f）预应力锚索抗滑桩
（松藻矿务局金鸡岩块石土滑坡）

图 1.4　新型抗滑结构型式实例[17]

椅形桩墙由内桩、外桩、承台、上墙及拱板组成，用拱板支承滑坡体，将推力通过内、外两桩传至稳定地层，其整体框架结构能承受较大弯矩。Π形刚架桩的内桩受拉，外桩受压，能承受较大推力。排架抗滑桩在Π形刚架桩的基础上增设了横梁。h形抗滑桩在Π形刚架桩的基础上增高内桩，起到收坡作用[17]。

但上述异形桩的检算并不成熟，实践限于个案，多据经验设计[25]。尤其是前、后桩分摊推力还是统一承受总推力，前、后桩按单桩受力特性分析还是作为整桩的受拉、受压两面而受力不同，前、后桩的合理间距，如何贯彻强梁弱桩的原则，梁与桩相连接的性质与结构，两桩间夹持的土体的作用等，都还不够明晰，故应用尚不广泛。

1.2.3.4　微型钢管桩

作为圆形钻孔桩的一种，微型钢管桩直径不大于 30 cm，成孔孔径不小于 180 mm；一般采用电焊直缝钢管，管径不小于 140 mm，内外灌注水泥砂浆；钢管内还可加插钢筋或束筋；一般设 2～3 排，梅花形布桩，桩顶用纵、斜梁连接。

微型钢管桩原用于应急抢险。近年来，因人工及材料费飞涨，钢管桩单价与人工挖孔桩的差价在急剧缩小，且钢管防腐工艺已趋成熟，应用日渐广泛，甚至开始作为中小型滑坡的永久性抗滑工程。

据四川省交通厅公路规划勘察设计研究院（简称"四川省公路设计院"）等在广巴高速公路的现场破坏试验[26]，间距 1.5 m、桩径 18 cm、管径 140 mm、受荷段长 8 m 的二、三排群桩的极限抗滑力分别达到 463 kN/m、595 kN/m，造价比采用人工挖孔桩还低，分别作为治理推力不大于 300 kN/m、400 kN/m 的中小型滑坡的永久性工程是可行的。但由于群桩土拱效应和桩与梁的力学问题，其设计方法还在研究中[27]。

加强桩顶连梁，体现强梁弱桩的原则很重要。连梁能有效减小桩顶和滑面处桩身的位移，提高滑坡的稳定系数[28]。

另据杭州的现场水平荷载试验[29]，微型钢管桩群桩效应明显。试验所得水平极限承载力，单桩为 90 kN，4×4 群桩为 1 000 kN，3×3 群桩为 550 kN，群桩效率分别为 0.68、0.69。

1.2.3.5 锚拉桩

对承受推力大、受荷段或悬臂段长的抗滑桩，在桩的顶段加设预应力锚索，复合而成锚拉桩。桩顶锚索构成支点，使桩形成似简支结构，其计算弯矩变小，桩长和截面得以优化，从而可节省投资 60%，缩短工期 1/3[30]。

锚拉桩自 20 世纪 80 年代由西北铁科所倡导以来，虽得到较广泛应用，但设计方法至今仍不够成熟，处于半理论半经验状态。要点如下：

（1）锚索拉力。理论上应按控制桩顶位移的方法计算，但偏差较大。经验上也差别较大，李传珠等取净滑坡推力的 1/2～4/7[31]，显得偏大；有经验从造价考虑，取滑坡推力的 15%～25%，又显得偏小；综合取值区间为 1/5～1/2。

（2）锚索锁定力。锚拉桩允许桩顶产生一定的位移，故锚索锁定力应小于设计锚固力，原则上应按锚索设计力与桩-锚协同变形时所产生力之差值作为锁定力[32]。经验上，按设计锚固力的 50%～80% 锁定[33]。

（3）锚索布置。锚索设于桩的顶段，但离桩顶的距离不得小于 0.5 m；多根锚索时可成排布设，竖向排距不宜小于 2.0 m；每排也可设两根锚索，水平间距不得小于5倍锚孔直径，且两索不是并行而是向下分开。将桩顶设锚处削成斜面，桩身设锚处加斜托，使之与锚索垂直。

（4）优化桩的结构。可减小嵌固段的长度，经验值为嵌固段长不超过桩全长的1/4（岩层）~1/3（土层）。减小桩的截面，桩径与受荷段长度之比可放宽至1/12[22]，并按减小后的弯矩减少配筋。

1.2.4 人工挖孔抗滑桩施工组织设计

1.2.4.1 井口仰坡支护

坡面甚陡时，开挖锁口削坡可能使坡体坍塌，必须先支护坡面后再行开挖，或抬高锁口不开挖坡体。如都江堰市汤家沟滑坡，抗滑桩设于高陡凸形山坡上，中段桩顶低于坡面，下挖锁口盘即导致后壁坡体开裂坍塌，后对后壁增用喷锚固坡，方能恢复桩井施工。

要严格跳桩开挖，避免同时开挖扰动滑体、加剧变形。如甘孜州某城南滑坡，由于在滑坡前缘桩位拉槽开挖等原因，使滑坡变形速率与范围扩大，甚至殃及毗连的已用桩板墙治理并已稳定的另一滑坡，使之也产生了大范围变形开裂，部分抗滑桩桩顶也有明显位移，被迫进行应急加固、补充勘查，治理工程范围和力度都加大。

1.2.4.2 桩井护壁与开挖

因对滑坡地质条件认识不足，桩井开挖中常见以下问题：
（1）为赶工期，未跳桩开挖，甚至雨季施工，影响坡体稳定。如南昆铁路林逢膨胀岩土滑坡，因雨季施工抗滑桩，桩前膨胀土强度和抗力剧降，成桩后桩身倾斜失效，除另行增设抗滑工程外，因斜桩已侵入铁路限界，还费大力气进行扶正、切除，仍未彻底解决问题。

（2）因护壁偏弱、分节偏长、地下水作用，导致井壁坍塌，重新回填，护壁工程量大且难以得到认可。

如古蔺县二郎镇滑坡，地下水位高，桩井开挖措施与之不适应，井壁坍塌严重，补救花费甚大，但因施工图已标明地下水位，补救工程仅实际水位高于设计水位的部分得到承认。

（3）土石比变化，岩层、块石层人工开挖困难；放炮震动引起坡体变形。

前者如开江县金山寺滑坡用磨盘钻套钻完整砂岩成桩井，成本甚高。后者如都江堰市红梅村滑坡，距之百余米外道路因外侧高堡坎已局部变形而欠稳定，桩井放炮开挖的轻微震动影响的叠加，使道路内侧路面微裂，施工单位被勒令停工并课以罚金。

（4）软弱层中，桩井护壁内缩，井底上鼓。

如南昆铁路永丰营填方滑坡，位于宽缓溶蚀洼地中，铁路从前后路堑以挖作填，因拟填高度超过软基极限填高，累填都不达高度要求，超量的填土从地下将软基前挤，致使距路基百余米外的平缓田地鼓胀隆起，形成塑性滑坡。初在填方脚设桩抗滑，但在软基中开挖桩井十分困难，0.5 m 一节护壁也开裂内缩，尤其是井底上鼓量可超过前一班的开挖深度，被迫放弃抗滑桩方案，对耕地赔偿并改线绕避。

1.2.4.3　动态调整、桩身浇注、质量检测与桩顶位移监测

根据及时反馈的开挖桩井所揭示的地质与滑动面信息，重新计算滑坡推力，进行动态设计，变更桩长、截面与配筋。

按比例用无损检测抽检桩身，查明桩身质量及有无断桩、沉渣。因此要先行清除桩底沉渣，然后一次性浇注桩身，必要时采用商品混凝土。

悬臂桩及桩间板立模和放线要直而准，保证桩截面和板厚度达设计要求，平面和立面平直美观。都江堰市青城后山一桩板墙工程，桩体平面上歪扭，两侧边凹进致宽度不足，桩间板平面上

歪曲且厚薄不均，各段板错置不成一直线，立面上凸凹不平，外观不佳，且影响结构受力和钢筋防护，整改难度甚大。

按监测设计设点进行桩顶位移监测，超过规范允许值应及时补救。如青城山前某山庄加固路堑边坡的抗滑桩，完工后不久即发现长桩的桩顶位移过大，超出允许值，遂在桩顶段增打预应力锚索，遏制了进一步位移。又如，美姑县红茶楼滑坡，为古滑坡的部分复活，新滑面下尚有软弱面。抗滑桩完工后以桩底端为支点桩顶明显向外倾斜位移，遂实施排水隧洞补强。后实测又显示全桩平行外移，推测系沿桩底以下软弱面又形成了深层滑面，整桩坐船蠕移。

桩顶位移允许值，《建筑桩基技术规范》（JGJ 94—2008）统一设为 100 mm，铁路支挡工程设为桩受荷段长度的 1% 且不大于 100 mm，依据似不足。桩顶位移的计算，可按《铁路路基支挡结构设计规范》（TB 10025—2001）的公式[18]，但对悬臂桩和全埋桩如何区别对待，尚不明晰。

1.2.5 （抗滑）挡土墙

1.2.5.1 挡土墙类型

抗滑挡土墙用重力式，断面形式如图 1.5 所示，据滑面高低和滑坡推力选用，常用图 1.5（a）所示形式，滑面甚浅的可用（b）型，滑面较深可考虑被动土压力时用（c）、（d）型，滑面在边坡中部时可用（e）型（土质）与（g）型（岩质），反压滑坡前缘时可用（i）型；为增大抗力可加锚杆形成锚杆挡土墙。加固挖方边坡常用重力式圬工挡土墙。

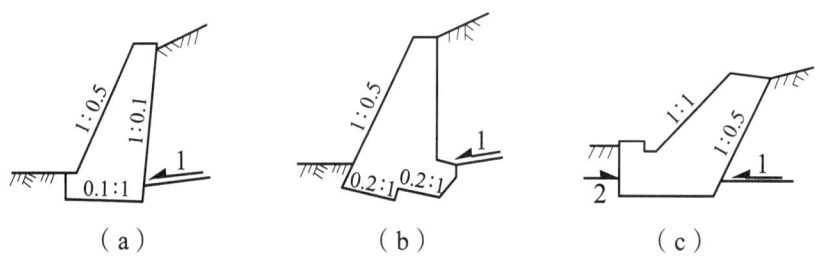

（a） （b） （c）

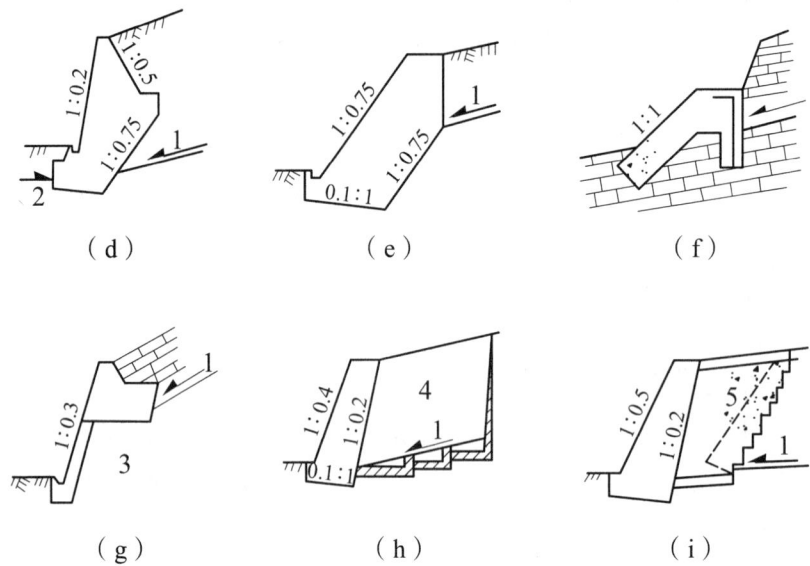

图 1.5 重力式抗滑挡土墙的断面形式[17]

1—滑动面；2—被动土压力；3—完整基岩；
4—支撑渗沟；5—反压平台

支挡填筑边坡的圬工挡土墙常用衡重式及托盘式、悬臂式、扶壁式与锚碇板式（图 1.6）；较高时则采用锚拉式桩板墙，如南昆铁路石头寨预应力锚拉式桩板墙在地面以上的墙高达到 24 m（图 1.7）[34]。

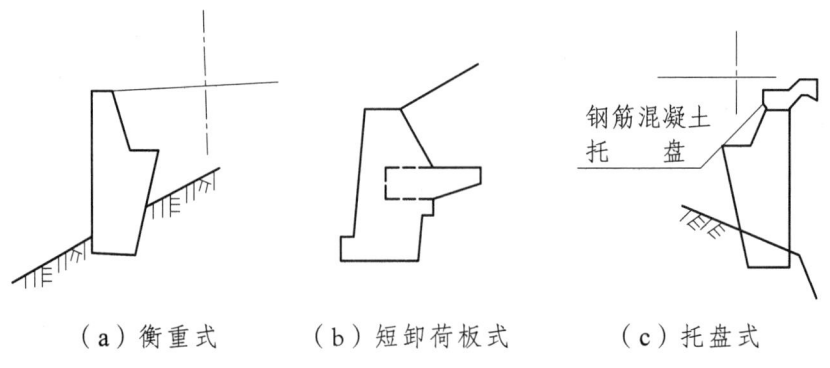

（a）衡重式　　（b）短卸荷板式　　（c）托盘式

1 滑坡、边坡治理工程设计

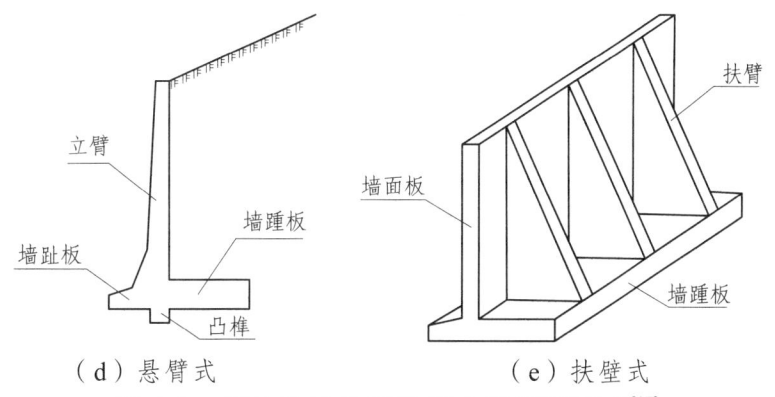

（d）悬臂式　　　　（e）扶壁式

图 1.6　填筑边坡常用的挡土墙断面形式[17]

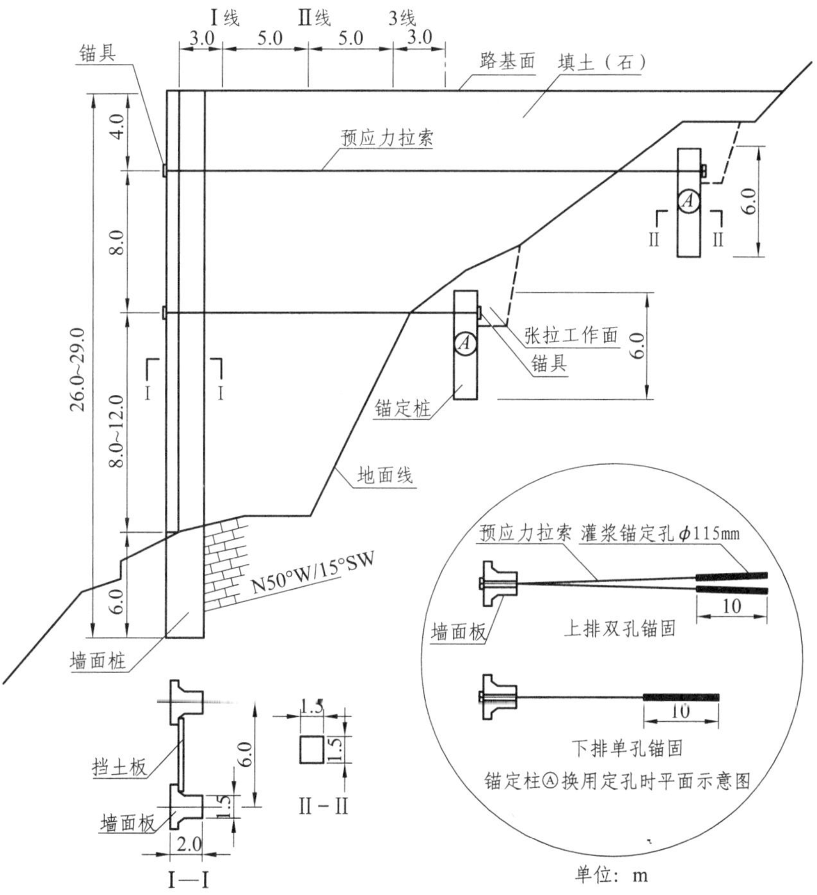

图 1.7　南昆铁路石头寨预应力锚拉式桩板墙断面图[34]

衡重式、短卸荷板式挡土墙利用衡重台、卸荷板上的填土和全墙重心后移增加墙身稳定，减小截面；胸墙陡，下墙背仰斜，可降低墙高，减少基础开挖[17]。缺石料区可用钢筋混凝土悬臂式与扶壁式挡土墙，墙高 6 m 以内用悬臂式，6 m～10 m 用扶壁式。

支挡填筑边坡的柔性墙则多用加筋土挡土墙，较新的拉筋材料有混凝土楔形拉筋与钢塑复合带拉筋[34]（图 1.8）。墙高不宜大于 10 m，以拉筋的锚固力抵抗土压力。锚固段的起算点，在墙的上半段为 0.3 倍墙高，从墙高中点向墙底从 0.3 倍墙高线性变小至 0。加筋挡土墙为柔性结构，拼装式面板可逐步加高，抗变形能力强，基底应力低，甚至可建于软基上。

例如，昆明南过境干道在未加固处理的软弱泥炭土地基上，直接修建长 1 016 m、高 3 m～6 m 的加筋土挡土墙，完工后 22 个月的实测最大沉降达 41.7 cm，但差异性沉降不大，因而墙体仍然稳定，甚至刚性路面也未开裂破损[35]。

1.2.5.2 挡土墙检算

重力式挡土墙检算包括抗滑、抗倾、基底应力和截面强度等内容，主要是抗滑、抗倾检算。

抗滑稳定系数

$$K_c = \frac{\left[\sum N + (\sum E_x - E'_x) \cdot \tan \alpha_0\right] \cdot f + E'_x}{\sum E_x - \sum N \cdot \tan \alpha_0} \quad (1.19)$$

抗倾稳定系数

$$K_0 = \frac{\sum M_y}{\sum M_0} \quad (1.20)$$

式中　$\sum N$——作用在基底上的总竖向力（kN）；

　　　$\sum E_x$——墙后主动土压力的总水平分力（kN）；

1 滑坡、边坡治理工程设计

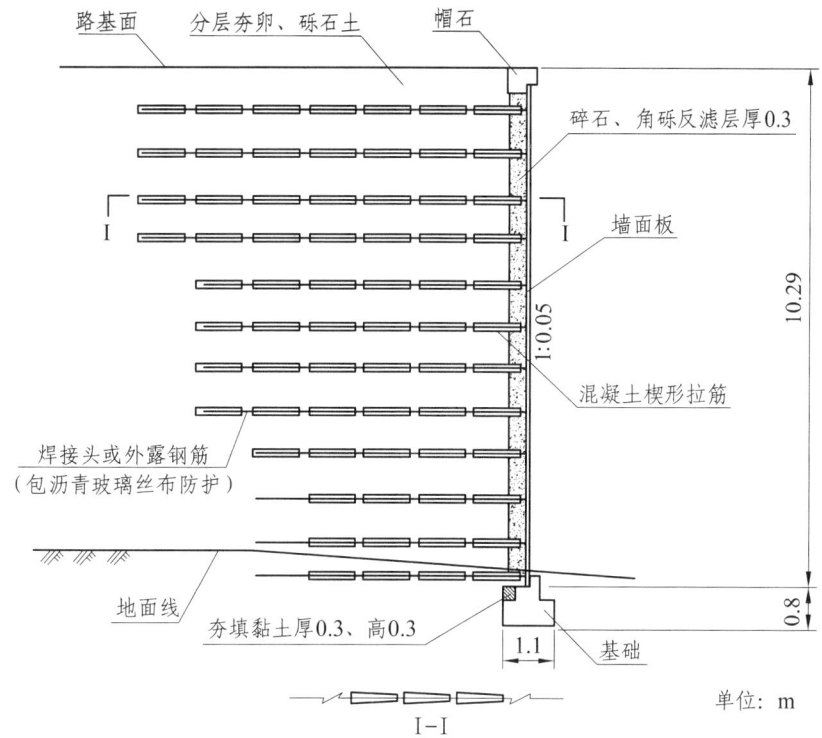

（a）混凝土楔形拉筋加筋土挡土墙

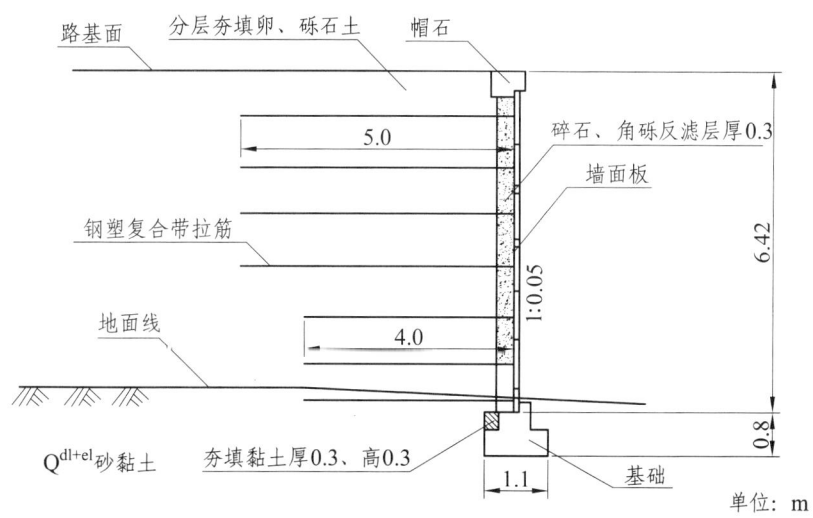

（b）钢塑复合带拉筋加筋土挡土墙

图 1.8 混凝土楔形拉筋加筋土挡土墙与钢塑复合带拉筋加筋土挡土墙[34]

E'_x——墙前土压力的水平分力（kN）；

α_0——基底倾斜角（°）；

f——基底与地层间的摩擦系数；

$\sum M_y$、$\sum M_0$——稳定力系、倾覆力系对墙趾的总力矩（kN·m）。

要合理选用填料的重度、内摩擦角φ及综合内摩擦角φ_0、填料与墙背间的摩擦角δ、基底摩擦系数f及圬工强度等参数。

对黏性土，填料用综合内摩擦角。填料与墙背间的摩擦角参见表1.1。基底摩擦系数取值：软塑黏土0.25，硬塑黏土0.30，粉质黏土、粉土、半干硬黏土0.30～0.40，砂类土0.40，碎石类土0.50，软质岩0.40～0.60，硬质岩0.60～0.70。

表1.1 填料与墙背间的摩擦角取值[18]

墙身材料	墙背填料	
	岩块及粗粒土	细粒土
混凝土	$\frac{1}{2}\varphi$（填料内摩擦角）	$\frac{2}{3}\varphi$ 或 $\frac{1}{2}\varphi_0$（填料综合内摩擦角）
石砌体	$\frac{2}{3}\varphi$	φ 或 $\frac{2}{3}\varphi_0$

如汶川地震极震区的烈度高达Ⅺ度，原按Ⅷ度设计的路肩重力式挡墙的震害以砌体破坏为主，鲜见整体滑移与倾倒破坏，因此要注意检算墙体强度，慎用浆砌卵石，提高浆砌片石或条石的强度，必要时用片石混凝土或素混凝土[36]。抗滑稳定系数K_c不得小于1.30，抗倾稳定系数K_0不得小于1.50～1.60。但稳定系数过大而过于保守时，应优化截面尺寸重新检算，以减小工程量。抗滑不满足时，墙底可内倾或在墙底加混凝土凸榫；抗倾不满足时，可在墙底前加趾；地基承载力不满足时，可加混凝土垫层。

对不同高度的挡墙应逐一检算，并汇总成挡墙参数表；不能统一用同一顶宽和面、背坡率，因为土压力不是与墙高的一次方成正比，而是与墙高的二次方成正比。顶高不一致的挡墙应逐段渐变，不形成阶坎状。

1.2.5.3 土压力

据墙背形状选用库仑土压力系数（墙背倾斜）或朗金土压力系数（墙背直立），进而计算土压力。比较土压力与滑坡推力，选用大值。

（1）土压力计算。

对砂性土和采用综合内摩擦角的黏性土，土压力通用公式为

$$E = \frac{1}{2}\gamma \cdot H^2 \cdot K \tag{1.21}$$

式中 K——土压力系数。

K 取主动土压力系数 K_a，则 E 为主动土压力 E_a；K 取被动土压力系数 K_p，则 E 为被动土压力 E_p。

对采用黏聚力和内摩擦角的黏性土，主动土压力、被动土压力分别为

$$E_a = \frac{1}{2}\gamma \cdot H^2 K_a - 2cH\sqrt{K_a} + \frac{2c^2}{\gamma} \tag{1.22}$$

$$E_p = \frac{1}{2}\gamma \cdot H^2 K_p + 2cH\sqrt{K_p} \tag{1.23}$$

式中 γ——土体的重度（kN/m^3）；

H——墙背全高（m）。

产生被动极限状态时的位移量远较主动极限状态为大，砂性土中绕墙趾转动时产生主动土压力所需的位移量为 1‰ 倍墙高，

而黏性土中绕墙趾转动时产生被动土压力所需的位移量为 4‰ 倍墙高，故埋深较浅时墙前被动土压力可不计，较深且墙前土体稳定时最多采用 1/3[18]。

（2）土压力系数。

库仑主动土压力系数 K_a：

$$K_a = \frac{\cos^2(\varphi-\alpha)}{\cos^2\alpha \cdot \cos(\delta+\alpha) \cdot \left[1+\sqrt{\dfrac{\sin(\varphi+\delta)\sin(\varphi-\beta)}{\cos(\delta+\alpha)\cos(\alpha-\beta)}}\right]^2} \quad (1.24)$$

库仑被动土压力系数 K_p：

$$K_p = \frac{\cos^2(\varphi+\alpha)}{\cos^2\alpha \cdot \cos(\delta-\alpha) \cdot \left[1-\sqrt{\dfrac{\sin(\varphi+\delta)\sin(\varphi+\beta)}{\cos(\delta-\alpha)\cos(\alpha-\beta)}}\right]^2} \quad (1.25)$$

式中 α——墙背倾角；

β——填土面倾角。

对墙背直立（$\alpha=0$）且光滑（$\delta=0$）、填土面平（$\beta=0$）的朗金假设，式（1.24）、（1.25）分别简化为朗金主动土压力系数 K_a 与被动土压力系数 K_p：

$$K_a = \tan^2\left(45°-\frac{\varphi}{2}\right) \quad (1.26)$$

$$K_p = \tan^2\left(45°+\frac{\varphi}{2}\right) \quad (1.27)$$

当填土面倾斜（$\beta\neq0$）时，朗金主动土压力系数 K_a 与被动土压力系数 K_p 为

$$K_a = \cos\beta \cdot \frac{\cos\beta-\sqrt{\cos^2\beta-\cos^2\varphi}}{\cos\beta+\sqrt{\cos^2\beta-\cos^2\varphi}} \quad (1.28)$$

$$K_\mathrm{p} = \cos\beta \cdot \frac{\cos\beta + \sqrt{\cos^2\beta - \cos^2\varphi}}{\cos\beta - \sqrt{\cos^2\beta - \cos^2\varphi}} \qquad (1.29)$$

结果与库仑式有差异。

（3）土压力分布。

滑体往往不是典型的松散体，因此其土压力分布一般不符合库仑理论的三角形，合力作用点高于 1/3 墙高，可达 1/2 墙高，抗倾安全系数理应比抗滑要求高。笔者据南昆铁路几种支挡结构实测资料[37]，认为土压力分布符合偏态抛物线模式（式 1.30），为上部三角形与下部矩形的叠合，或为上、下两三角形与中部矩形的组合；合力作用点为 0.375～0.5 倍墙高（图 1.9）。

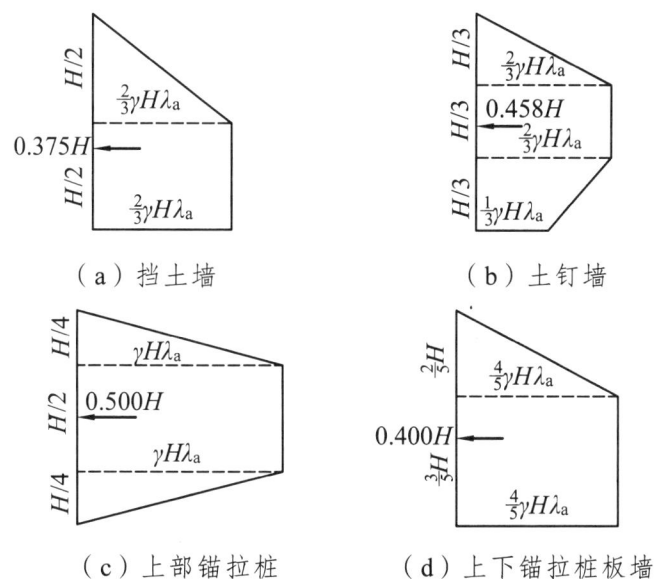

图 1.9　南昆铁路几种支挡结构土压力分布简化图式[37]

土压力分布偏态抛物线方程为

$$P_x = a \cdot \left(\frac{y - y^A}{A - 1}\right)^b \qquad (1.30)$$

式中 P_x——水平主动土压力，kPa；

y——距墙底的归一化墙高，$y = (H - h)/H$，H 为全墙高，h 为距墙顶的高度；

A——抛物线形状系数，$A = mK - 1$，K 为填土侧压力系数，$m = \dfrac{\cos(\theta - \varphi - \delta)\tan\theta}{\sin(\theta - \varphi)\cos\delta}$，$\theta$ 为墙后土体破裂面与水平面的夹角，φ 为墙后土体内摩擦角，δ 为土体与墙背的摩擦角；

a、b——参数，可按最小二乘法拟合而得。

1.2.5.4 挡土墙结构

抗滑挡土墙一般选用圬工重力式路堑挡土墙，不用衡重式墙型。墙顶可略高于坡面，顶后回填成平台以拦停坡面撒落物和进行绿化。

墙顶宽度不小于 0.5 m；面坡陡（一般 1∶0.25），背坡一般直立，也可俯斜或仰斜，内俯不宜过缓以免过多挖基；底面可向内倾斜以利抗滑，斜率不宜大于 0.2∶1。墙底纵坡大于 5% 时，基底设成台阶状。

注意斜坡上墙基埋深与襟边[18]。土层、软岩中埋深不小于 1.0 m 且深入侧沟砌体底面不小于 0.2 m，襟边 1.5~2.5 m（表 1.2），故慎在半坡修建抗滑挡土墙。不应机械地要求墙基嵌入基岩甚至中风化层而过度深埋。如汉源新县城的挡墙不分高低，多要求嵌入中风化基岩（实际上土层与强风化层已能满足大多数墙基承载力要求）致使墙埋深过大，而且因处于滑坡影响区而岩体破碎，中风化基岩也误认属强风化层，使墙的埋深更大，甚至出现墙高出地面 2 m 而基础埋深达 7 m 多的极端事例。

墙身每隔 10 m 设一伸缩缝；强调墙背反滤层与墙体泄水孔的设置。泄水孔按上下左右每隔 2 m~3 m 交错布置，圆孔、方孔均可，坡度不小于 4%。反滤层厚度不小于 0.3 m，必要时加设反滤包，反滤层深至下排泄水孔底即可，反滤层顶、底面要设黏土封闭隔水层。

施工中选好临时边坡坡率，严格跳槽开挖，必要时加强基坑临时支撑，严防坑壁坍塌。如德格县城看守所挡土墙，设于人工填土的高陡边坡坡脚，基坑临时开挖边坡陡达 1:0.39，长十多米段未跳槽开挖又未加强临时支护，导致开挖中边坡坍塌，掩埋致死多名工人，教训殊深。

表 1.2　倾斜地面墙趾埋入的最小尺寸（m）[18]

地层	埋入深度	距斜坡地面的水平距离
较完整的硬质岩层	0.25	0.25～0.50
硬质岩层	0.60	0.60～1.50
软质岩层	1.00	1.00～2.00
土层	≥1.00	1.50～2.50

1.2.5.5　锚杆挡土墙

新建锚杆挡土墙为面板式，用锚杆的锚固力抵抗土压力（图1.10），用于锚固力大的岩质坡体时效果更好。土压力或滑坡推力较大时，可对已建挡土墙加设锚杆，也形成锚杆挡土墙，由边坡主动破裂面后的锚固力与墙体的抗力共同抗滑。震中边坡的原挡墙多有破损，拆除重修的施工风险较大，加设肋柱锚杆或框架锚杆来加固修复较稳妥，但不宜采用预应力锚固，以免压毁已有破损的墙体。

锚杆水平向设置，不加预应力，1974 年在成昆铁路狮子山滑坡试用的竖向预应力锚杆挡土墙因事倍功半而未能推广[38]。

可为肋柱式或无肋柱式，墙较高时可分级，每级高度不宜大于 8 m，总高度不宜大于 18 m，平台宽度不宜小于 2.0 m[18]。

肋柱间距一般为 2.0 m～3.0 m，截面多用矩形，宽 30 cm～50 cm，材料为钢筋混凝土，混凝土等级不低于 C20。柱底伸入地面以下不小于 0.5 m（岩层）、1.0 m（土层），必要时设墩基。

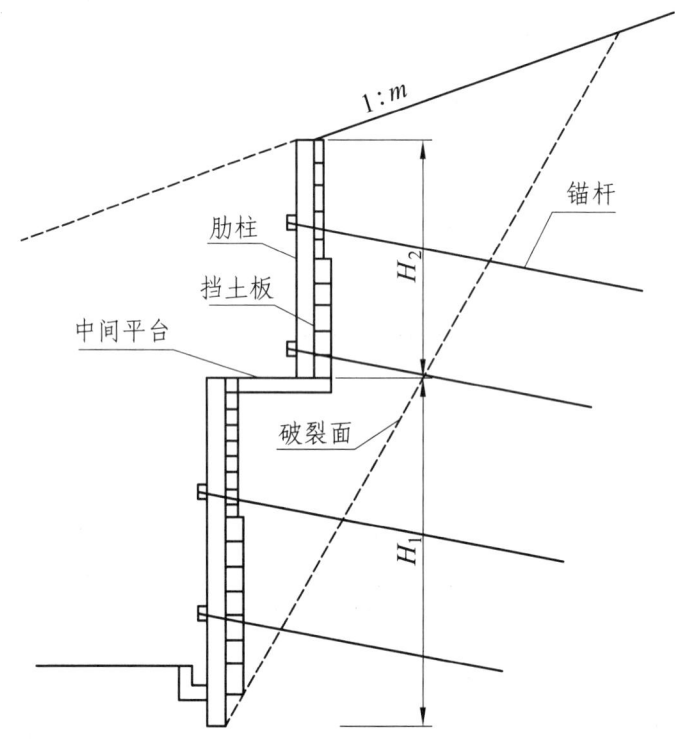

图 1.10　两级柱板式锚杆挡土墙[18]

一般采用普通砂浆锚杆，砂浆强度不低于 M30。锚杆的密度、长度、孔径据所需锚固力检算来确定，锚杆间距不小于 2.0 m，孔径一般不小于 100 mm。锚杆采用Φ25～Φ32 的螺纹钢筋，必要时用 2～3 根成束。

1.2.6　其他常用抗滑工程措施

1.2.6.1　减载、反压

于滑坡后部削方减载，前缘回填反压，是传统的但仍行之有效的抗滑措施。

削方减载要在坡面较陡的下滑段进行，且不要在后部和两侧形成新的临空面，必要时削成台阶状并注意坡面排水与防护。削方往往毁坏农民赖以生存的耕地或林地，因此不宜大面积削坡，必要的局部削方亦要考虑恢复耕地的措施。

反压常用于滑坡前缘剪出口和阻滑段。例如贵阳龙洞堡机场扩建平行滑行道，在原场坪填筑体外侧帮填较高的新填方体，由于填于具软弱基底的溶蚀洼地中，新填方体未达标高即产生坍滑，且前缘鼓翘，所设坡脚支挡失效。治理工程主体措施为坍滑体前缘填土反压，反压体的宽度与高度按平衡滑体推力同时又不从反压体中次生剪出加以确定，滑体推力以填至设计标高推算，实施后稳定了填筑体。

对切坡引发的滑坡，回填反压工程量不等同于开挖量，力度应更大。因为开挖前滑体抗剪强度处于峰值，滑移后滑面的抗剪强度已向残值降低。如丹巴老街后山滑坡突滑后，在滑坡前缘用人工码砌大量土袋支顶、反压，初步遏止了滑坡进一步向前推进，但反压力度仍不足，数月后反压体即发生位移，随即实施抗滑桩和预应力锚索等永久性工程，滑体才得以稳定。

1.2.6.2 地表截排水工程

（1）地表截水沟。

地表截水沟修于滑坡后缘之外，多为环形，并尽早接入两侧自然沟道。滑体较大时可在滑体中修横向截水沟，对滑体中泉眼要设沟引排。

因滑体加固后仍会有滞后蠕变，圬工水沟可能开裂渗水促滑，故应尽量少在滑体中设圬工排水沟，或加柔性垫层，有条件时可采用可伸缩的叠瓦式金属质沟。

要现场核实沟的平面位置，使之形成合理的排水纵坡，不过陡与过缓，可设成单面排水或双向人字形排水，并用典型横断面校核；填、挖较大则沟位内靠或外移，尤要避免内挖过高。

地表截排水沟的截面一般为倒梯形，较浅时可用矩形。梯形截面一般底宽 0.4 m，深 0.4 m~0.6 m，边坡率为 1∶1~1∶1.5。流量较大时则按过流能力检算截面尺寸。横坡陡时两侧墙可不等高，内侧墙可高至坡面但又不能高于坡面而阻水。如宣汉某滑坡，截水沟大段内边墙高于其后坡面，不能汇水，降低边墙、墙上开孔、填平墙后坡面均很棘手。

地表截水沟一般用 M10 浆砌石，厚度不小于 30 cm。纵坡陡时设急流槽、消能台阶，槽底端和平面转折处设消能沉砂井。

（2）抗滑涵洞。

地表径流在松散坡体和古滑坡堆积体中集中下切与侧蚀，会在沟道两岸形成高陡临空面，进而牵引松散体失稳，产生两岸向沟滑移的相向滑坡。对此，顺沟道建抗滑涵洞，既可遏制沟水的下切与侧蚀，又可通过涵洞及洞顶回填土平衡两岸滑坡的推力，稳定滑坡。

产生于 20 世纪 80 年代的滇东北镇雄县城滑坡，就是城区排水主沟在古滑坡堆积体中以每年超过 1 m 的速率快速下切形成的牵引式滑坡，排水沟两岸向主沟相向滑移。治理工程的主体是在滑坡区的主沟上兴建大型涵洞，畅排沟水，并铺底以防下切；涵洞以抗压结构平衡两岸滑坡的相向滑动；并在洞顶之上沟域回填土至较高标高，使两岸滑坡的上部也得以相向平衡。此治理工程措施简易、投资省、效果好，不但稳住了滑坡，回填土面还为县城营造了难得的大面积平场，一举两得[1]。

1.2.6.3　地下截排水工程[17]

地下截排水工程类型较多，包括明沟、槽沟、渗沟、排水孔、渗水洞、集水井等。碍于地下排水工程的排水效果难以预测，抗滑效果难以检算，现应用过少，应提倡。

（1）明沟、槽沟。

截排水明沟、槽沟兼有截排地表水和地下潜水、上层滞水之功能（图 1.11）。明沟的截面一般为倒梯形，槽沟截面为矩形；明沟最深 1.2 m，槽沟深 1.2 m～2.0 m，再深则改用渗沟。截面尺寸经检算要满足过流要求，一般用 M10 浆砌石。沟外壁设反滤层，并设渗水孔。沟身每隔 10 m～15 m 设一伸缩缝。

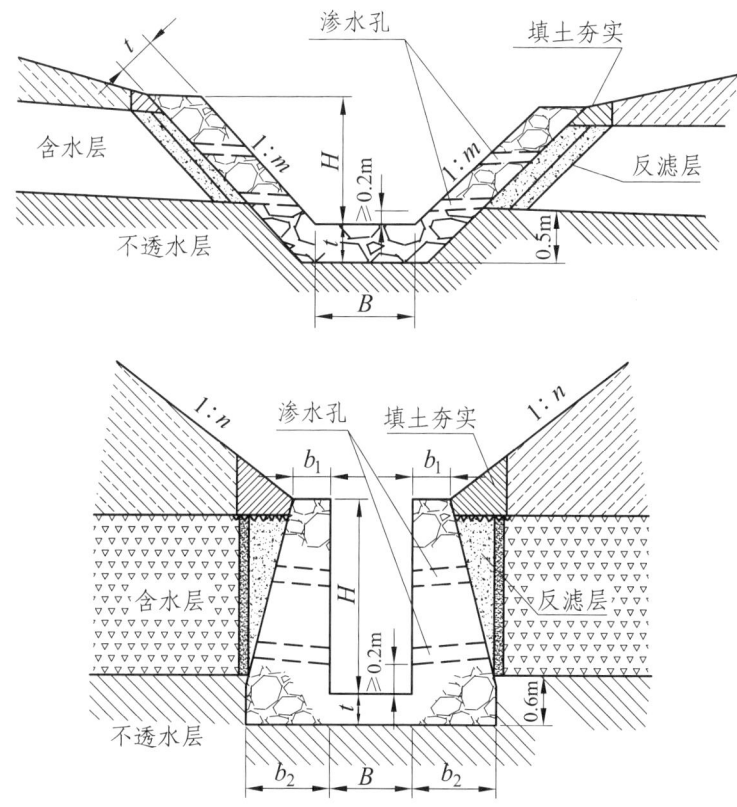

图 1.11　浆砌片石明沟（上）、槽沟（下）断面图[17]

（2）渗沟。

引排滑体中的泉眼和湿地最好采用引水渗沟与截水渗沟，循最短路径引出滑体。

渗沟截面为矩形，沟内充填渗水料且与沟壁间设反滤层。沟底设盖板矩形沟（0.3 m×0.4 m）或内径 0.3 m～0.5 m 的圆管作为排水通道，盖板和圆管上留进水裂缝或孔眼。沟顶干砌片石层之上夯填厚度不小于 0.5 m 的土层并与地面齐平。

渗沟出口接端墙，墙下部留排水洞，墙外铺砌一段排水沟。

（3）仰斜式排水孔。

仰斜式排水孔设于滑坡前缘，疏排滑体的地下水，滑面较陡、孔深可及者亦可用以疏干滑带土。

孔仰坡一般 10%～15%，成排布设，多排时交错布置。孔径一般为 100 mm，插入具反滤功能的第三代排水软管或包反滤网的带孔塑料管。孔深受施工条件限制，过深后孔向前下弯而可能无法排水。

（4）渗水隧洞。

渗水隧洞用以截疏深部滑带的地下水，集水渗井也有相似功能（图 1.12）。滑坡中一般形不成统一的含水层，往往为裂隙水和滞水，必须根据较详细的水文地质资料布设隧洞，力争有水可排。

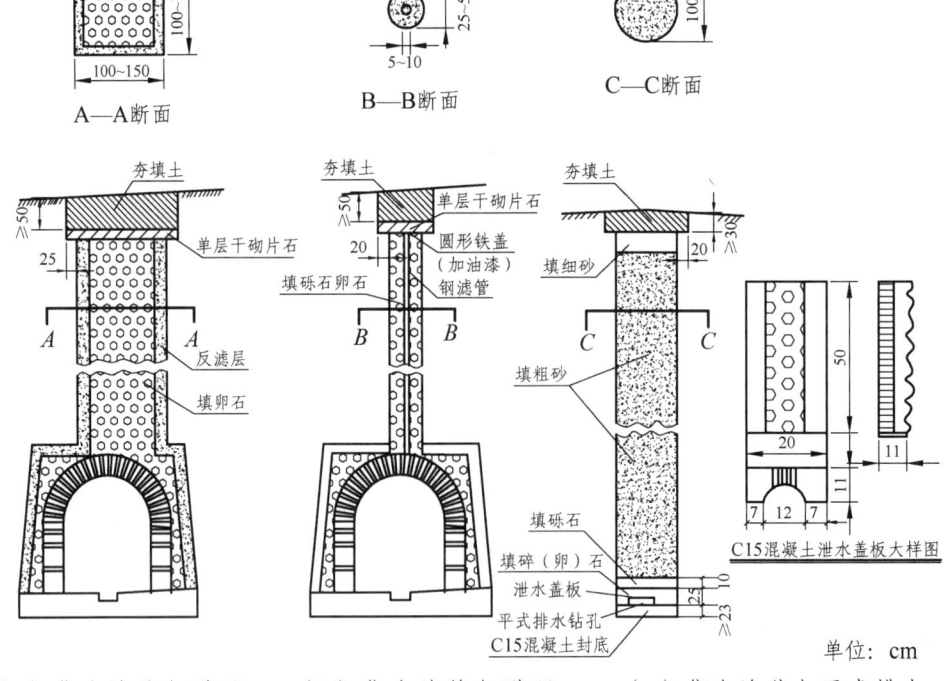

（a）集水渗井与隧洞　　（b）集水渗管与隧洞　　（c）集水渗井与平式排水
　　配合使用剖面图　　　　配合使用剖面图　　　　　钻孔配合使用剖面图

图 1.12　集水渗井及渗管图[17]

隧洞洞顶设于滑面以下不小于 0.5 m 处，在岩质滑坡中用直墙式，在土质滑坡中用曲墙式，净空以便于施工和维护控制，衬砌比照隧道设计。隧洞纵坡不宜小于 5‰，拱部和边墙留渗水孔，孔外设反滤包，亦可打放射状集水孔，还可与集水渗井（渗管）联合使用。洞口设于滑体之外，洞门墙按挡土墙设计（图 1.13）。

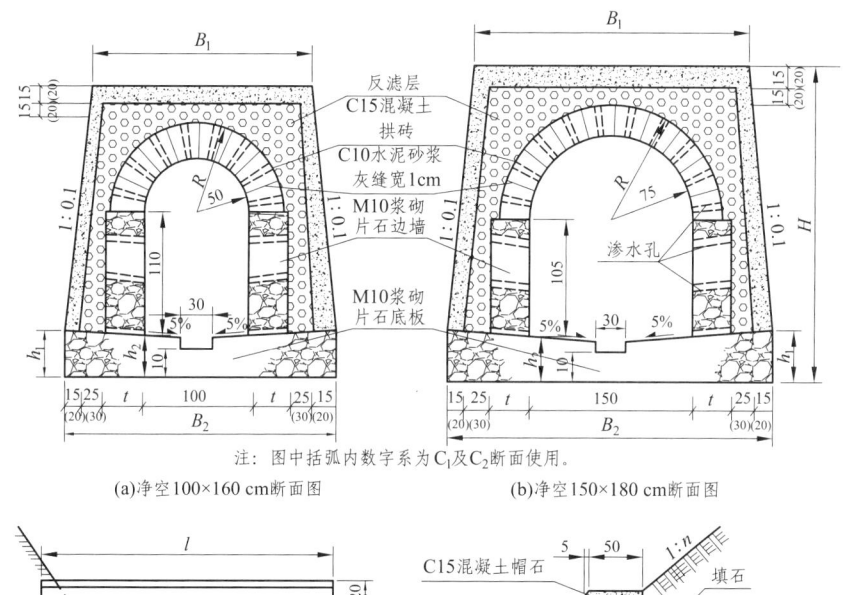

(a) 净空 100×160 cm 断面图　　　　(b) 净空 150×180 cm 断面图

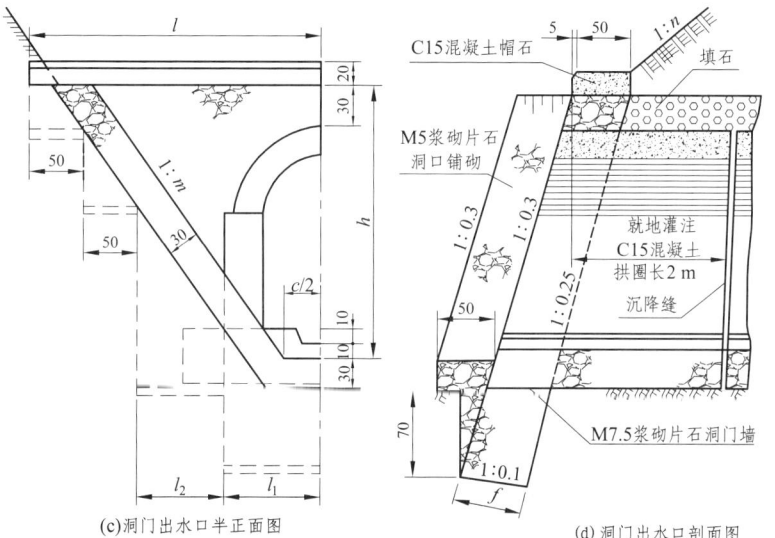

(c) 洞门出水口半正面图　　　　(d) 洞门出水口剖面图

单位：cm

图 1.13　直墙式渗水隧洞及洞门图[17]

渗水隧洞的应用较典型的有宣汉天台山滑坡、美姑红茶楼滑坡、南昆铁路八渡车站滑坡，效果各异。天台山滑坡依据地下水等水位线图设计与实施Π形截水隧洞，但因实际不存在统一的地下含水层，排水量较小；红茶楼滑坡设Y形洞，因系大气降水补给的地下潜水，平时几乎无水可排；八渡车站滑坡基岩裂隙水较发育，设两条并列的Y形洞穿过滑面与构造带，排水量较大，效果较好。

1.2.6.4 支撑渗沟

支撑渗沟兼起疏排滑坡地下水和支撑滑体的双重作用，用于滑体前缘富水且薄缓者，可配合抗滑挡墙使用[39]（图 1.14）。支撑渗沟有事半功倍之效，铁路系统采用较多，应提倡。但对较陡的滑坡，不能开挖较长的支撑渗沟，应用受限，有条件时可采用。如位于攀田高速公路末段的田房大桥滑坡，由攀枝花"8·30"地震触发，坐落于金沙江平缓的高谷肩上，滑体前缘较薄且饱水，有开挖较长支撑渗沟的条件。

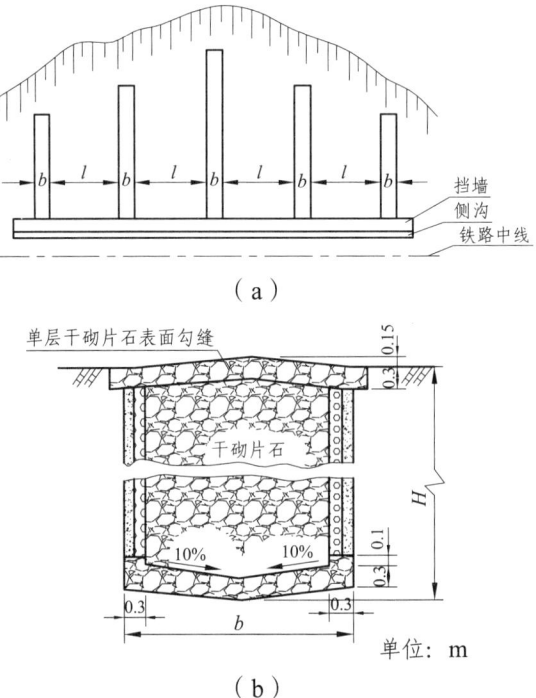

（a）

（b）

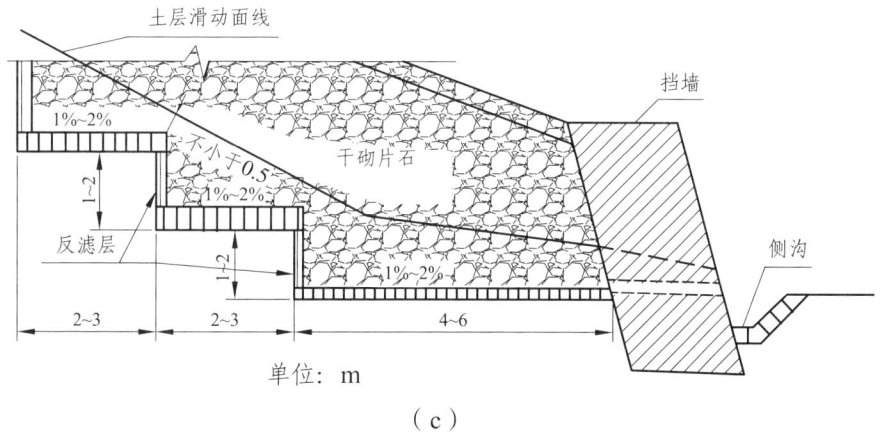

(c)

图 1.14　支撑渗沟结构示意图[17]

支撑渗沟可成组、多条并平行于主滑方向布设，矩形截面，宽 2 m～3 m，间距 8 m～15 m。其底深于滑面并呈阶状，台阶纵坡 1%～2%；阶高 1 m～2 m，最下一阶最长。用干砌片石填筑，顶、底面砌 0.3 m 厚浆砌石隔水，底面略呈 V 形，横坡 10%；两侧可设 0.3 m 厚反滤层。

出口所接抗滑挡墙的下部设泄水孔，墙外侧设排水沟。单独使用时出口接干砌片石垛。

支撑渗沟的支撑力 R（kN/m）：

$$R = L \cdot h \cdot \gamma \cdot \frac{b}{B} \cdot f \tag{1.31}$$

式中　L、h——支撑渗沟的纵向长度、平均高度，m；
　　　γ——填料的重度，kN/m³；
　　　b、B——支撑渗沟的宽度、沟心间距，m；
　　　f——支撑渗沟与基底的摩擦系数。

支撑渗沟体系的抗滑力应为：渗沟支撑力－渗沟处原土体抗滑力＋挡土端墙抗滑力。

1.3 边坡与变形体治理

1.3.1 边坡加固问题

1.3.1.1 切坡问题

地震灾区恢复重建中将不可避免人为切坡，但切忌形成高陡边坡与临空面，以免破坏环境，导致耗资支护甚至失稳成灾。

切坡要看坡形条件。凹形坡和直线形坡不宜切坡；凸形坡且坡面较缓或坡顶平缓时切坡工程量小，形成的边坡较低，在确保稳定的前提下可行（图1.15）。

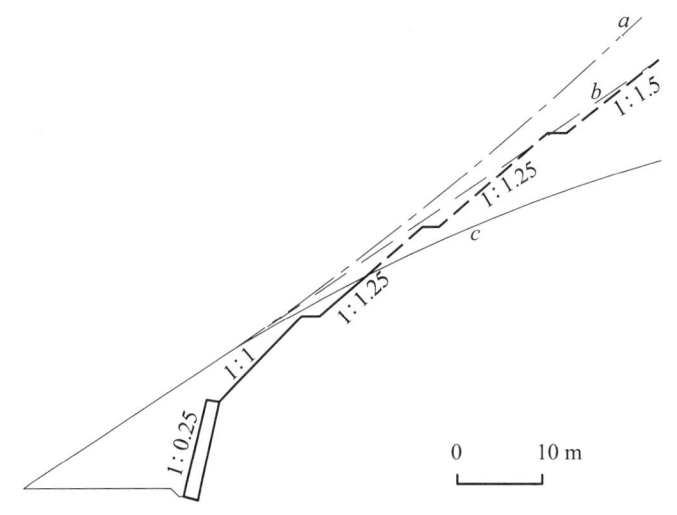

图1.15 路堑边坡工程与坡形的关系[36]

a—凹形坡（点划线）；b—直坡（虚线）；c—凸形坡（实线）

由于边坡坡率要向上逐级变缓，坡面较陡时不宜切坡，否则会削山皮形成高边坡，易失稳。

如泸西高速公路对路堑边坡分级放坡开挖，坡脚未设足够支挡工程收坡，开挖坡率向上逐级变缓，刷山皮形成4个毗连的高近百米的高陡边坡,并相继失稳,只得重新治理(图1.16)[40]。

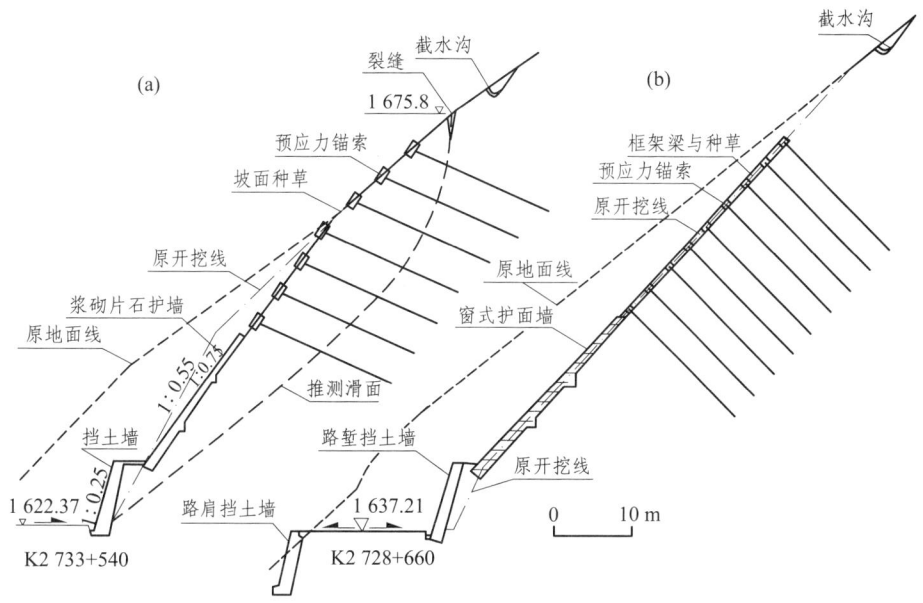

图1.16 泸西高速公路代表性路堑边坡工程设计断面图[40]

(a)—W_2工点;(b)—V工点

切坡要看地质条件。地质结构不利于临空面稳定者,如基覆界面较陡直、基岩顺向坡,都不要盲目切坡。震后重建工程多要在坡脚崩塌堆积体前部切坡,由于堆积体松散,处于极限平衡状态,不宜深切。

某大型水电站移民迁建的汉源新县城大部位于顺向坡上,场平切坡引发多处滑塌,耗巨资整治,工期延迟。

切坡要按稳定坡率进行,多级时向上逐级放缓,每级高不宜超过12 m,最高20 m,级间留不窄于2 m的马道。一般土质边坡稳定坡率最陡为1:1.25,向上逐级放缓1:0.25。

必须挖切较陡坡体时,应在坡脚设近于直立的支挡工程收坡,避免边坡过高。按挡土墙面坡1:0.25,坡面为30°计,墙每高出地面1 m,上方土质边坡高度就降低2.07 m。如果用直立的悬臂桩，收坡则更明显（图 1.17）[41]。岩质边坡的稳定性是一个动态演化的地质历史过程，切坡后要及时支挡，控制变形是其关键[42]。

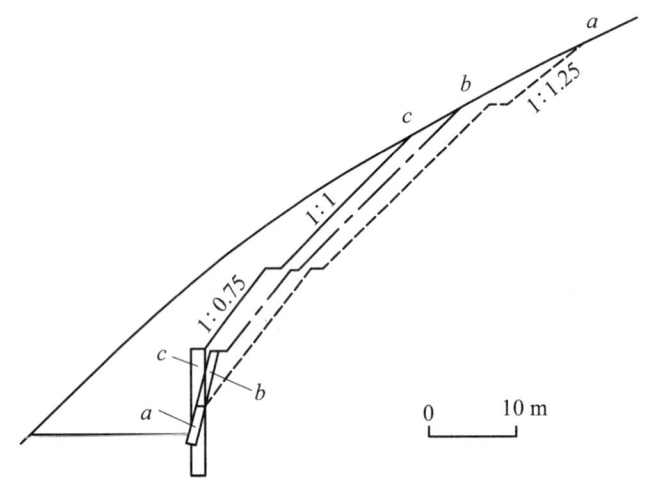

图 1.17 路堑坡脚支挡工程与边坡高度的关系[36]
a—脚墙；*b*—高挡土墙；*c*—悬臂桩

挖高陡边坡时，应避免机械化拉槽以免边坡失稳，并应自上而下实施分级支护[43]。

挖切可能失稳的坡体时，开挖前应先在坡脚设抗滑桩等工程进行预加固，然后再行在桩前进行开挖；对崩塌堆积体切脚有条件时亦应预加固（图 1.18）[44]。预加固设计理念是在大量工程教训的基础上提出的，它能避免处理失稳边坡所致的工期推迟，还因利用了失稳前坡体的原生强度而比失稳后处治节省工程量。

1.3.1.2 土钉墙

土钉墙是原位加固边坡常用的全封闭型支挡措施（图 1.19）。

土钉墙的结构与喷锚支护类似，土钉与锚杆的结构相同，但原理、工序不同[45]。

1 滑坡、边坡治理工程设计

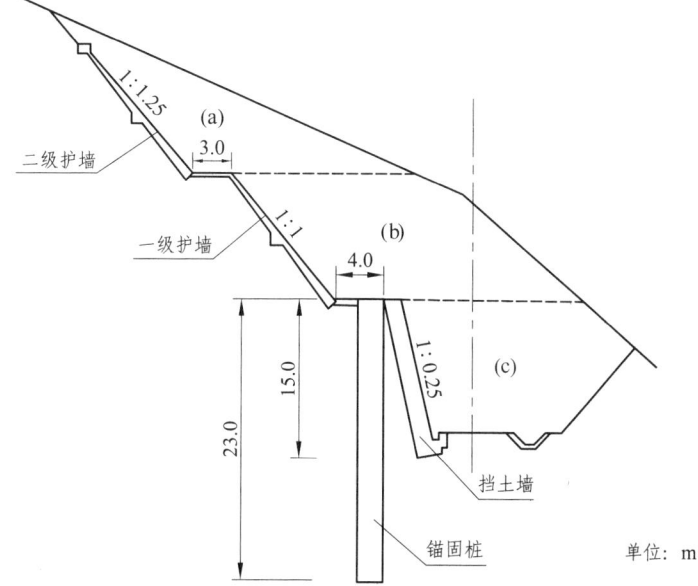

图 1.18 边坡分级稳定及坡脚预加固示意图[34]

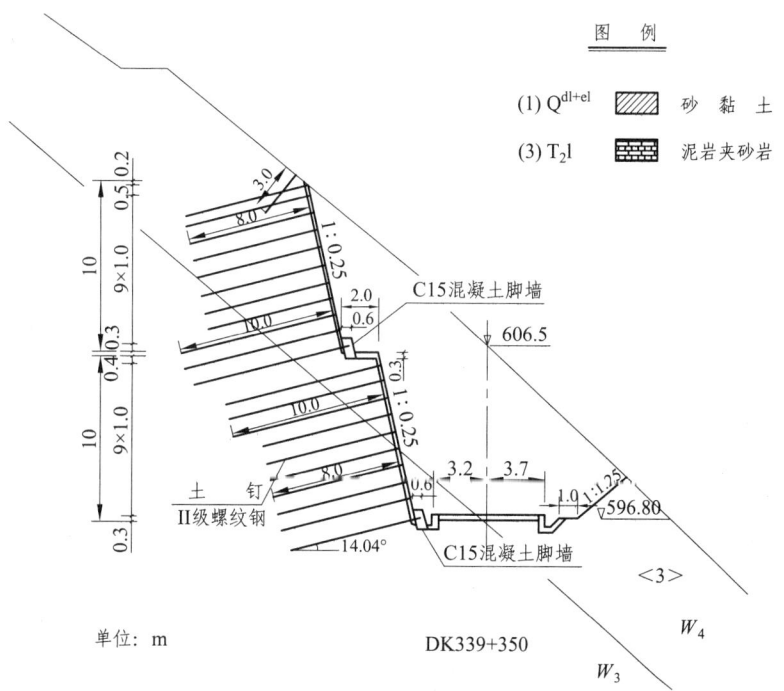

图 1.19 南昆铁路土钉墙加固路堑边坡示意图[34]

土钉墙的土钉密，一般为等长，与其间土体形成复合墙体，增大了抗滑功效，起挡土墙作用。其自上而下分层开挖，分层施作，有利于边坡的及时封闭与稳定。但土钉固底不够，使土钉墙无基础，抗滑功能有限，要配矮脚墙固脚，或增设锁脚锚杆；此外，富水土体中不宜采用土钉墙[46]。

土钉墙高不宜超过 20 m，可分级，单级高不应超过 12 m，级间平台不窄于 2 m，面坡可陡至 1∶0.1。可形成土钉墙的土钉密度问题现尚未研究解决，对不同土质的经验值为 0.75~2.0 m，土质愈差则应愈密。分层开挖深度据岩土特性取 0.5~2.0 m，土质愈差则应愈浅。

按现规范，除对土钉锚固力进行内部稳定检算外，还要按挡土墙进行墙体外部稳定性的检算，据之确定土钉长度，其经验值为单级墙高的 0.4~1.0 倍。

据南昆铁路现场工程试验，当土质较差时土钉并不能全长都形成墙体，坍塌后显示墙厚为钉长的 2/3，其后钢筋连同砂浆体呈活塞状拔出，难以按现规范进行稳定检算。此时外部稳定性检算中应叠加考虑 2/3 厚墙体的抗滑力和 1/3 长土钉的锚固力[47]，可称之墙-锚复合模式。

南昆铁路林逢站膨胀泥岩边坡试验工点，老第三系那读组泥岩具强胀缩性（自由膨胀率可达 98%）、碎裂性、低强度性（一面无侧限时极限抗压强度 70 kPa）。左侧土钉墙于 1992 年 3 月初自上而下每 2 m 一层分层开挖与施作土钉墙，3 月 29 日中午开挖至近马道处，在对上级边坡第 3 层进行底层混凝土喷射时，发现堑顶后 6 m 左右出现纵向裂缝并急剧扩大，5 分钟后边坡即顺倾角 62°的结构面整体推滑而出（图 1.20）。推滑边坡长 36 m（DK 左 146+160~+196），最高 5.7 m，土钉长 4.2 m，纵横间距均为 1.2 m，形成的土钉墙体厚 3.0 m，后部 1.2 m 长钉体被拔出，墙厚约为钉长的 70%。右侧土钉墙于 3 月 19 日分层开挖与施作，4

月 5 日晨，DK 右 146+465～+480 段开挖深仅 4 m 的第 2 层后尚未及喷护时，笔者在坡底闻咯吱声响，系岩体压缩屈服，见原微倾向坡内的层面转而向坡外倾斜，人退至对面坡上仅 2 分钟后，见该段边坡即整体推滑而出，并拉裂相邻坡段的天沟，导致相继坍滑或倾倒。至 8 日晚，失稳边坡累计长 133 m（DK 右 146+390～+523），高 3～7 m，后壁距堑顶 4.2～5.6 m，土钉长 4.5 m，纵横间距 1.2 m、1.0 m，形成的土钉墙体厚约 3 m，后部 1.5 m 长钉体呈活塞状拔出，墙厚约为钉长的 2/3。上述土钉墙在旱季施工中即失事，且仅钉长的 2/3 形成墙体，主要因岩体软弱、碎裂。此事故虽受领导严厉斥责，然作为罕见的原型工程试验，也属难得。

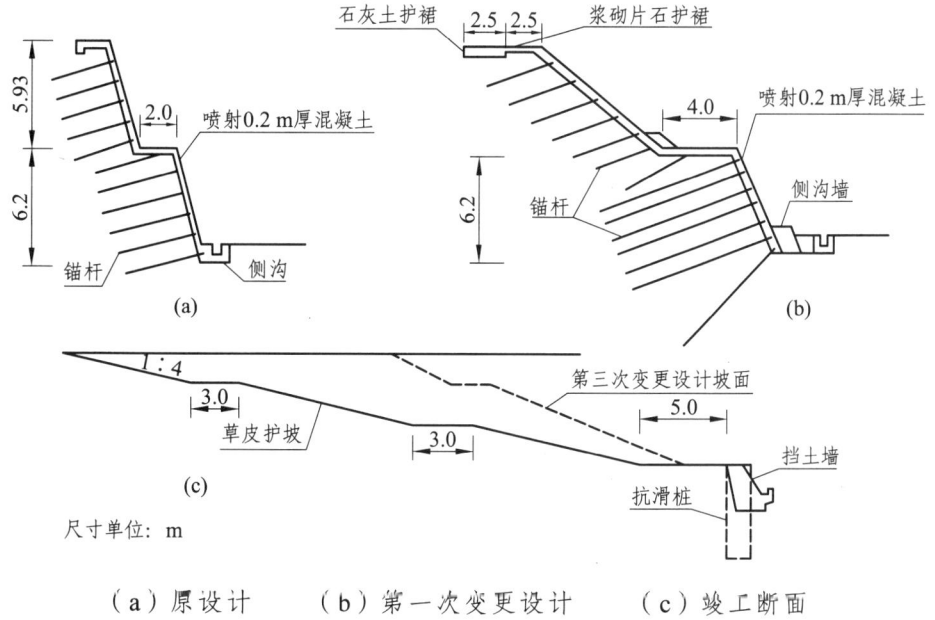

（a）原设计　（b）第一次变更设计　（c）竣工断面

图 1.20　南昆铁路林逢膨胀泥岩试验工点左侧土钉墙堑坡设计断面[47]

1.3.1.3　喷锚与格架锚杆

对于整体稳定的边坡，为防坡面冲蚀与浅层溜坍，应进行坡面防护。边坡防护工程措施中，常用的全封闭型为喷锚，非全封闭型为框架锚杆。必要时也可加长锚杆至欠稳边坡的破裂面以下，甚至可施加预应力，以兼起锚固、框箍边坡的作用[48]。高陡边坡亦可采用喷锚与抗滑桩、预应力锚索的复合结构（图1.21）[34]。护坡锚杆短而齐，一般长4 m；支护锚杆要穿过破裂面，上长下短。

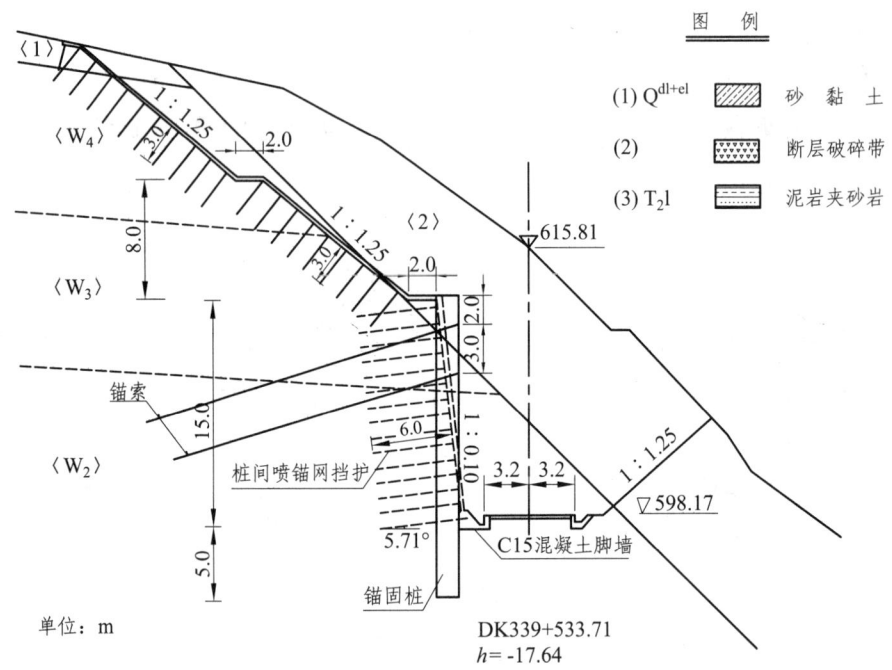

图1.21 悬臂式抗滑桩与桩间挡土工程组成的复合支挡结构[34]

锚杆挂网喷射混凝土（喷锚）与框架锚杆是单纯靠锚杆的锚固力加固和防护边坡的，不宜用于陡于1∶1的边坡；自上而下开挖到底后再自下而上加固，边坡暴露时间长，于稳定不利。喷锚边坡应辅以脚墙，控制坡脚的塑性区[49]。

喷锚将坡体表层形成壳状整体，其破坏有一个应力集聚的过程，往往孕育数年，但一旦破坏就是整体失稳，规模甚大。

喷锚由挂网—喷混凝土—锚固组成，其面板厚 12~20 cm，分两层喷射不低于 C20 的混凝土，层间挂网，网与锚杆可焊接。施工顺序：喷底层混凝土—挂钢筋网—打锚杆—锚杆与钢筋网连接—喷面层混凝土。

框架锚杆的框架宜为正菱形。格梁不宜太密，间格一般 2~3 m；矩形截面，一般高 30 cm、宽 40 cm，不要过粗；采用钢筋混凝土。格架中种草；格梁嵌入坡面 20 cm，其上 10 cm 用于客土植草；需做好格架节点与锚杆的连接。

以边坡破裂角或松动层面作为潜在失稳面计算所需锚固力，并将此面以下的锚杆长度计为锚固段长度，进而计算锚杆的全长和密度。

1.3.1.4 边坡的临界高度 H 与破裂角 α

边坡的临界高度 H 可据古老的卡尔曼公式估计（图 1.22）[50]。

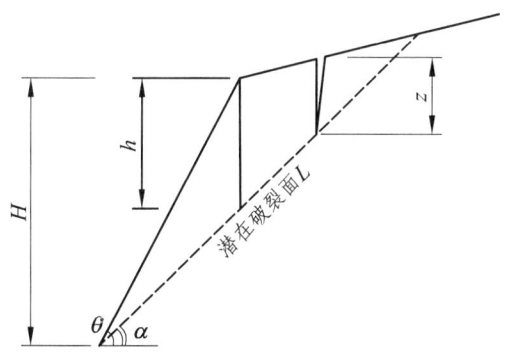

图 1.22　边坡稳定性分析之卡尔曼法[50]

对一般边坡：

$$H = \frac{4c}{\gamma} \cdot \frac{\sin\theta\cos\varphi}{1-\cos(\theta-\varphi)} \tag{1.32}$$

对直立边坡，上式简化为

$$H = \frac{4c}{\gamma} \cdot \tan\left(45° + \frac{\varphi}{2}\right) \tag{1.33}$$

对有张裂隙（垂直深度为 z）的平顶边坡：

$$H^* = H - z \tag{1.34}$$

式中　θ——边坡坡度；

　　　γ、c、φ——坡体岩土的重度、黏聚力、内摩擦角。

土钉与锚杆的锚固力检算要以边坡潜在破裂面为基础，边坡破裂角 α 的理论公式为[51]

$$\alpha = \frac{\beta}{2} + \frac{\varphi}{2} \tag{1.35}$$

式中　β——边坡角；

　　　φ——坡体内摩擦角。

对垂直边坡 $\beta = 90°$ 时，才有 $\alpha = 45° + \varphi/2$。

案例：作为南昆铁路膨胀岩路基工程之一的浆砌片石护坡加脚墙的路堑试验段，挡土墙高 3 m，基坑深 1.5 m，坑壁直立。对挡墙基坑采用昼夜连续作业进行跳槽开挖，每槽长仅 5 m，基坑都难以稳定，多数坑壁坍塌。计算参数如下：按一次干湿循环后泥岩体的抗剪强度 $c = 5.0$ kPa、$\varphi = 5.7°$，泥岩体 $\gamma = 20.1$ kN/m³。按式（1.33），基坑开挖临界高度 $H = 1.10$ m，小于基坑深度（1.5 m），基坑发生坍塌是必然的[50]。

对柔性较大的层状岩质边坡溃屈型破坏的边坡临界长度 L（斜长）可用以下理论公式估算[52]：

$$L = \left[\frac{\pi^2 E \cdot t^2}{A\gamma(\sin\alpha - \cos\alpha \cdot \tan\varphi)}\right]^{\frac{1}{3}} \tag{1.36}$$

式中　E、γ——岩体的弹性模量（kPa）、容重（kN/m³）；

t、α——岩层的厚度（m）、倾角（°）；

φ——岩层内摩擦角（°）；

A——参数，肖树芳式为 6，刘红岩式为 14.5。

1.3.1.5 桩-墙复合结构

当抗滑桩间的土质临空面较高陡而呈悬臂桩时或边坡稳定性不足时，桩间要设墙组成桩-墙复合支挡结构，包括桩间挂挡土板的桩板墙，桩间设挡土墙或土钉墙及上部挂板下部设墙等（图 1.23）[34]。

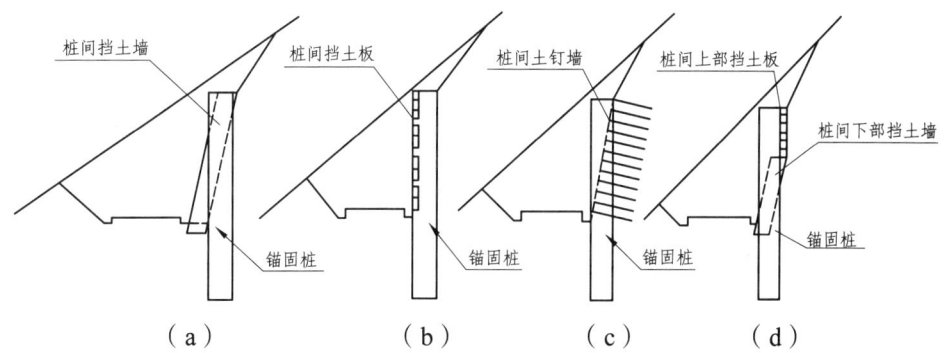

图 1.23 喷锚护坡、锚索桩及桩间喷锚复合结构加固边坡示意图[34]

桩后要回填土时，也要设桩板结构。设板高度只可略深于填土面或临空面，切忌深挖挂板。深挖挂板不但无谓增加土方和挡土板工程，还可能扰动坡体。如对宣汉某滑坡，原本为全埋式抗滑桩，但还拟挂桩间板，遂在桩实施前就开挖出数米高的临空面，边坡随即变形开裂，又匆忙回填压脚。

桩板墙的桩截面尺寸不宜小于 1.25 m，桩心间距取 5~8 m。挡土板可现浇与桩连接，对于长联现浇桩板墙是否要解决和如何解决热胀冷缩问题，尚无成熟经验，如笔者对成都牧马山滑坡的桩与板之间尝试性地分段留有伸缩缝；也可预制挡土板，板可挂于桩背凸榫之上或插于桩侧凹槽之中。从受力角度，板设于桩的中、前部较挂于桩后好。一般用平板，也可试用受力更佳的拱形板。

桩间结构承受土拱应力。因土拱厚度有限，其值应小于主动土压力。由于桩间土拱理论不成熟，桩间挡土板、挡土墙或土钉墙的检算还不成熟，挡土板的受力和结构仍处于经验阶段[53]。

挡土板用不低于 C20 的钢筋混凝土，单块板宽 0.5～1.0 m，板厚一般 30 cm，构造配筋即可。

1.3.2 坡面防护与环境

对稳定的坡面，为防冲刷、风化剥落，应采用工程措施加以防护，并尽量与环境协调[41]。防护工程不受侧压力，与坡脚支挡工程和坡面加固工程有别。

1.3.2.1 全封闭措施

全封闭措施包括干砌石护坡、浆砌石护墙（图 1.24）、喷水泥砂浆（或混凝土）等。全封闭坡面难以绿化，坡面斑秃，影响景观，不推荐采用。例如，南昆铁路膨胀岩土路基工程试验对边坡防护工程的总结认为，非全封闭的锚杆框架护坡最有效，边坡较低时也可用浆砌片石骨架或具柔性的干砌片石护坡，地面反坡时才可采用全封闭的浆砌片石护坡[54]。

坡面喷浆还不利排水，在气候影响下，坡体内水分易向封闭层中心部位转移而形成湿核，增大水压力，孕育一定年限后易开裂破坏，如成渝铁路，抹面喷浆所成硬壳后多破损。

常用的浆砌石护墙不宜高于 8～12 m，顶窄，背坡贴边坡，较高时加耳墙，面坡可缓于内坡，墙嵌入坡底。

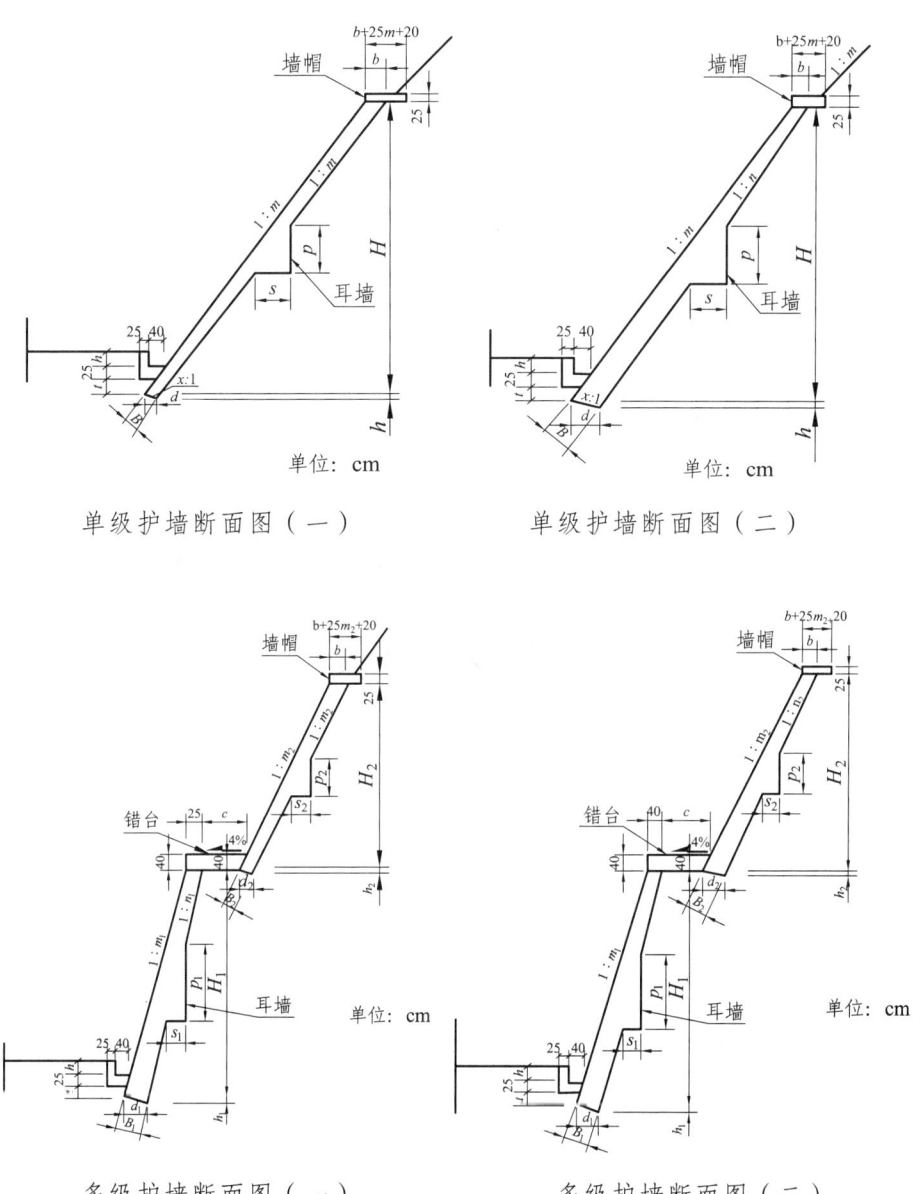

单级护墙断面图（一）　　单级护墙断面图（二）

多级护墙断面图（一）　　多级护墙断面图（二）

图1.24　浆砌片石护墙[17]

1.3.2.2 骨架类

非全封闭骨架类护坡工程包括菱形框架（格构）、拱形骨架和人字形骨架等形式，采用浆砌石或素混凝土，宜用于稳定的土质或基岩强风化层边坡，骨架中应植草绿化。

岩质边坡不易平整与嵌入，难以施工骨架，硬性实施则骨架凸凹起伏，表象不佳。格梁不能浮贴于坡面，不得已时应在格中填土并捶实。

菱形框架应用较多，间距 3~4 m。拱形骨架的主骨架间距 4~6 m，拱高 4~6 m。人字形骨架的主骨架间距 6~8 m，人字骨架高 3~5 m。骨架边坡的顶、底部要镶边（图 1.25）。

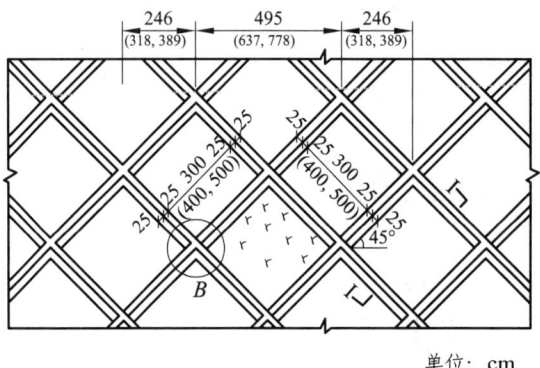

法向投影图

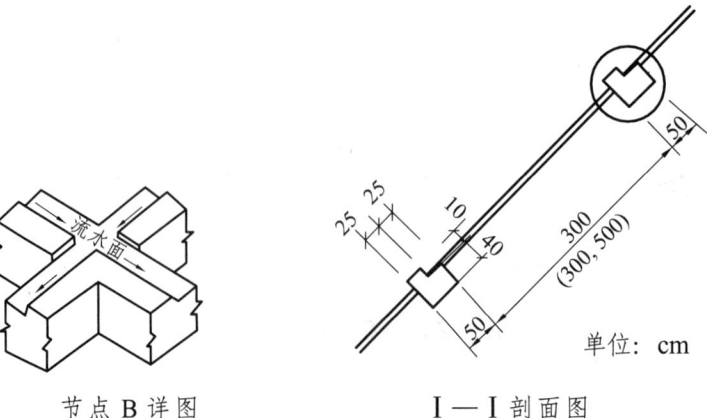

节点 B 详图　　Ⅰ—Ⅰ剖面图

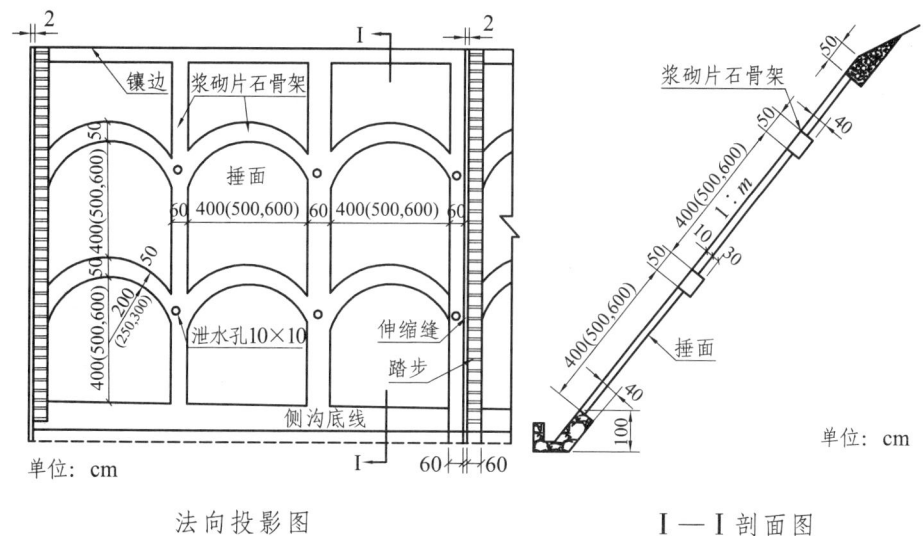

图 1.25 方格型截水沟骨架草皮护坡（上）与拱形骨架护坡（下）[17]

骨架梁为矩形，一般宽 40 cm、高 30 cm，主骨架截面要加大。先平整坡面，骨架嵌入后顶面与草皮平齐。坡面径流较大时，梁的上侧半宽可下削呈截水沟状。由于是稳定坡体，框架节点可不用打锚杆，格梁更不要用钢筋混凝土。如南充西山某斜坡，坡率缓于 1∶3，坡体稳定，但仍设框架锚杆防护，框格梁还采用钢筋混凝土，实属多余。

1.3.2.3 植被护坡

植被护坡是由撒草籽、植草皮、液压喷播植草、植生袋、三维网植草、厚层有机基材植草组成单价由低至高的技术系列，据地质、地形、气候、经济条件选用[55]。

撒草籽、植草皮用于土质较缓边坡或骨架间，每平方米单价数元，但挖取天然草皮会破坏环境，人工草皮则甚贵，现应用较少。

液压喷播植草、植生带、三维网植草用于属生土的稍陡边坡或骨架间，每平方米单价数十元。

震区基岩陡坡可采用厚层有机基材植草[56]，但费用高，每平方米单价超过100元,且存活期尚未经长期考验。宜在地形较缓处或马道上种高灌木进行点状绿化,在边坡底部墙顶平台、边坡顶部种藤蔓、攀缘植物垂直绿化;不宜种高大乔木,以防根劈。

植物群落选用与当地气候、土壤条件相适应的物种,最好冷与暖、干与湿的各型草种配搭,具体可咨询园林专业单位;地理条件差时则选用易生先锋物种,如泥石流滩地常种剑麻。由于最终会被本地物种所替代,对选用物种也不宜过分苛求。如遂渝铁路北碚站基岩堑坡厚层基材植草试验段,当年植草的长势良好,次年逢重庆200年一遇大旱,草枯坡黄但根未死,第三年雨后草又复生,但已夹混本地草本,并见零星灌木高踞于边坡上,表明客草最终会被本地物种取代。

护坡植被的后期养护很重要,且历时长。要保证存活率,必要时可由园林专业单位承包实施。

参考文献

[1] 蒋忠信. 四川盆周的工程滑坡灾害及其防治对策//海峡两岸山地灾害与环境保育研究:第一卷. 成都:四川科学技术出版社,1998.

[2] 蒋忠信. 云南滑坡分布的坡向性浅析//国际滑坡与岩土工程学术会议论文集. 武汉:华中理工大学出版社,1991.

[3] 张悼元等. 工程地质分析原理. 北京:地质出版社,1981.

[4] 蒋忠信. 滑坡床形态的定量描述. 工程勘察,1990(6).

[5] 许强等. 三峡库区坍岸预测新方法:岸坡结构法. 水文地质工程地质,2007(3).

[6] 蒋忠信. 某山区机场倾斜基底高填方滑坡与防治. 岩土工程技术,2003(1).

[7] 杨宗珍. 反算法中的滑坡稳定系数//滑坡论文选集. 成都:四川科学技术出版社,1989.

[8] 任光明等. 大型滑坡滑带土结构强度再生特征及其机理探讨. 水文地质工程地质, 1997（3）.

[9] 郑颖人等. 库水位下降对渗透力及地下水浸润线的计算. 岩石力学与工程学报, 2004（18）.

[10] 毛昶熙等. 山体滑坡泥石流的地震力算法与防治. 岩土工程学报, 2012（11）.

[11] 郑颖人等. 边（滑）坡工程设计中安全系数的讨论. 岩石力学与工程学报, 2006（9）.

[12] 蒋忠信. 基于反算原理的滑坡推力简易估算. 岩土工程技术, 2005（6）.

[13] 王恭先. 抗滑支挡建筑物的发展动向//滑坡文集：第十三集. 北京：中国铁道出版社, 1998.

[14] 蒋楚生. 路堤（肩）式预应力锚索桩板墙结构设计理论及工程应用研究. 成都：西南交通大学, 2006.

[15] 徐建强等. 广西某滑坡双排抗滑桩加固设计. 工程勘察, 2011（9）.

[16] 周翠英等. 门架式双排抗滑桩设计计算新模式. 岩土力学, 2005（3）.

[17] 铁道部第一勘测设计院. 铁路工程设计技术手册：路基. 北京：中国铁道出版社, 1992.

[18] 铁道第二勘察设计院. TB 10025—2001 铁路路基支挡结构设计规范. 北京：中国铁道出版社, 2001.

[19] 铁道部第二勘测设计院. 抗滑桩设计与计算. 北京：中国铁道出版社, 1983.

[20] 张健等. 堆积层滑坡抗滑桩所受推力计算及分布特征研究. 岩土工程学报, 2012（11）.

[21] 蒋良潍等. 黏性土桩间土拱效应计算与桩间距分析. 岩土力学, 2006（3）.

[22] 重庆市地方标准. 地质灾害防治工程设计规范. 2004.

[23] 蒋忠信等. 南昆铁路膨胀泥岩路堑边坡工程试验. 路基工程，1999（5）.

[24] 李功伯等. 滑坡稳定性分析与工程治理. 北京：地震出版社，1997.

[25] 尉学勇等. 抗滑刚架桩挡墙的设计与应用. 水文地质工程地质，2010（4）.

[26] 四川省公路设计院等. 小直径钢管排桩抗滑机理及施工技术研究. 科研成果报告，2011.

[27] 孙书伟等. 微型桩群与普通抗滑桩抗滑特性的对比试验研究. 岩石力学与工程学报，2009（10）.

[28] 方志森等. 滑坡微型桩连梁作用试验研究. 工程勘察，2012（6）.

[29] 龚健等. 微型桩原型水平荷载试验研究. 岩石力学与工程学报，2004（20）.

[30] 王化卿等. 预应力锚索抗滑桩//滑坡研究与防治（1）. 成都：四川科学技术出版社，1996.

[31] 李传珠等. 预应力锚索抗滑桩锚索锚固力形成机理及锚索设计拉力的确定//滑坡论文选集. 成都：四川科学技术出版社，1989.

[32] 蒋楚生等. 锚索桩板墙结构锚索预应力的确定方法. 路基工程，1997（3）.

[33] 张亮等. 锚索抗滑桩设计拉力及锁定值的规划求解研究. 水文地质工程地质，2010（5）.

[34] 铁道部第二勘测设计院. 复杂地质艰险山区修建大能力南昆铁路干线成套技术. 成都：电子科技大学出版社，2000.

[35] 蒋忠信等. 滇池泥炭土：地质·工程. 成都：西南交通大学出版社，1994.

[36] 赵静等. 汶川 8.0 级地震路堑墙震害特征及机理分析. 灾害学，2011（1）.

[37] 蒋忠信等. 南昆铁路支挡结构主动土压力分布图式. 岩石力学与工程学报, 2005（6）.

[38] 吴宗俭. 成昆铁路狮子山膨胀土滑坡整治的回顾与展望. 路基工程, 1991（2）.

[39] 蒋忠信等. 中国山区道路灾害防治. 重庆: 重庆大学出版社, 1996.

[40] 蒋忠信. 路堑高边坡的工程和环境问题及对策. 铁道工程学报, 2005（5）.

[41] 蒋忠信等. 山区道路工程与环境协调的设计原理. 铁道工程学报, 2006（1）.

[42] 黄润秋. 岩石高边坡发育的动力过程及稳定性控制. 岩石力学与工程学报, 2008（8）.

[43] 蒋忠信等. 路堑边坡的工程路径与坡体岩土的响应. 水文地质工程地质, 2005（4）.

[44] 蒋忠信等. 南昆铁路路基边坡工程技术研究. 岩石力学与工程学报, 2002（9）.

[45] 王长科等. 土钉技术的发展及其在我国工程建设中的应用//第四届全国工程地质大会论文选集（三）. 北京: 海洋出版社, 1992.

[46] 杨育文. 我国失事土钉墙的反思. 工程勘察, 2011（2）.

[47] 蒋忠信等. 南昆铁路膨胀岩路堑试验土钉墙之坍滑分析//四川省岩石力学与工程学会首届学术会议论文集. 成都: 西南交通大学出版社, 1994.

[48] 王小军. 裂土堑坡预应力锚杆框架的框箍作用. 路基工程, 1993（1）.

[49] 蒋忠信等. 南昆铁路膨胀性红土路堑边坡工程试验. 路基工程, 1997（5）.

[50] 蒋忠信. 边坡临界高度卡尔曼公式之工程应用. 岩土工程技术, 2007（5）.

[51] 蒋忠信. 对《考虑黏聚力及放坡角度的土钉墙侧土压力计算》文中破裂角公式的意见. 岩土工程学报，2008（6）.

[52] 刘红岩等. 直立层状岩质边坡失稳模式及临界高度分析. 中国地质灾害与防治学报，2012（4）.

[53] 蒋楚生. 路堤（肩）式预应力锚索桩板墙柔性支挡结构的土压力分布新探索. 铁道工程学报，2007（4）.

[54] 蒋忠信等. 关于南昆铁路膨胀岩路堑边坡设计原则的探讨. 中国地质灾害与防治学报，1994（4）.

[55] 孙超. 岩石边坡生态防护技术比较分析. 岩土工程技术，2010（4）.

[56] 张俊云等. 厚层基材喷射护坡试验研究. 水土保持通报，2001（4）.

2 预应力锚索技术、设计与施工

2.1 预应力锚索技术

2.1.1 预应力锚固技术[1]

岩土预应力锚索技术是 20 世纪中叶从锚杆技术发展而来的岩土锚固技术之一。预应力锚固技术的优点是：

（1）能充分发挥高强钢材、钢丝、钢绞线等材料的良好性能。

（2）最大限度地利用岩土介质的内在强度和潜力，加强岩土体的自承和自稳能力。

（3）主动加载用以改善工程结构的应力状态，提高受加固体的强度。

（4）确保工程施工的安全及岩土体的长期持续稳定，尽可能地约束其变形。

近 30 年来，国内外预应力锚固技术得到迅速发展，涉及锚固材料、结构形式、张拉施工工艺与设备、设计方法、理论研究、现场测试与工程应用等。其应用几乎触及土木工程建设的各个角落，如矿山井巷、铁路隧道和地下洞室支护、滑坡和边坡加固、坝基稳定、深基坑支护、结构抗浮与抗倾等。其主要成就可概括为：

（1）应用领域日趋广泛，工程规模愈益扩大，社会和经济效益明显。

（2）新结构、新工艺不断涌现，适用于各种复杂受力条件。

（3）新型锚固机具不断改进和完善，提高了施工效率和工程质量。

（4）开发了新的锚固材料，极大地改善了锚固工作性能。

（5）理论研究取得新成果，锚固工程设计和施工纳入了规范化标准。

原冶金部等完成的"预应力岩土锚固综合技术及其应用"研究成果较全面[2]，开发了压力分散型锚杆（图 2.1）及锚杆拆除技术，发明了无腰梁锚固技术，研发了水平钻机和深孔钻进偏斜控制方法。

但总的感觉，预应力锚固技术的实践仍超前于理论，施工队伍也良莠不齐，加强理论研究与规范施工仍是当务之急。

2.1.2 预应力锚索的类型

目前，国内外用来加固岩土体的预应力锚索种类很多，按受力方式分为主动加力锚索和被动加力锚索；按外锚特征分为可调预应力锚索和不可调预应力锚索；按锚索自由段结构分为黏结型锚索和无黏结型锚索；按锚体材料分为高强钢丝束锚、钢丝绳锚和钢绞线锚；按锚固段荷载分布分为荷载集中型锚索和荷载分散型锚索；按加载方式分为拉力型锚索和压力型锚索（图2.2）。

主动加力锚索是在锁定时将设计预应力全部加给岩体，多在锚索承载力较小时，用来加固块体结构岩体或洞室围岩、洞壁岩柱等受力明确、对变形控制较严的岩体，或用于要求保持岩体围压的条件下。

2 预应力锚索技术、设计与施工

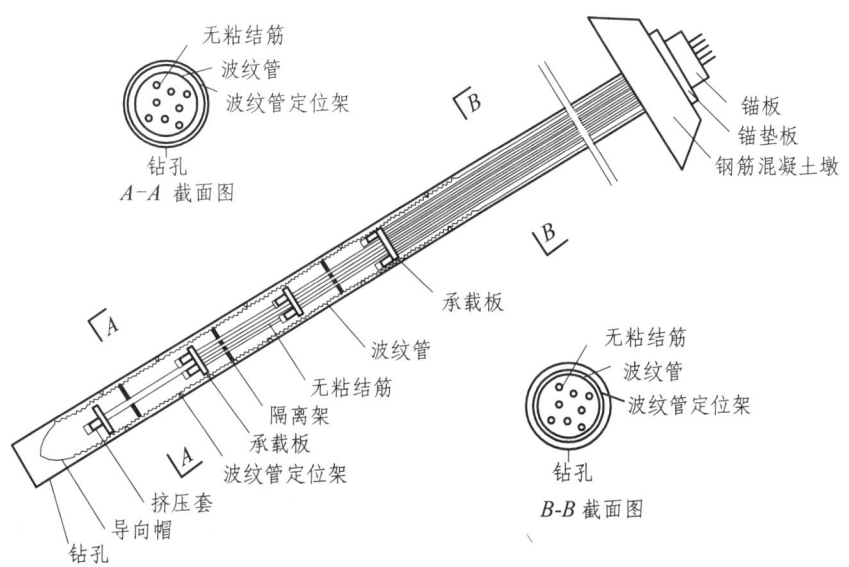

（a）压力分散型

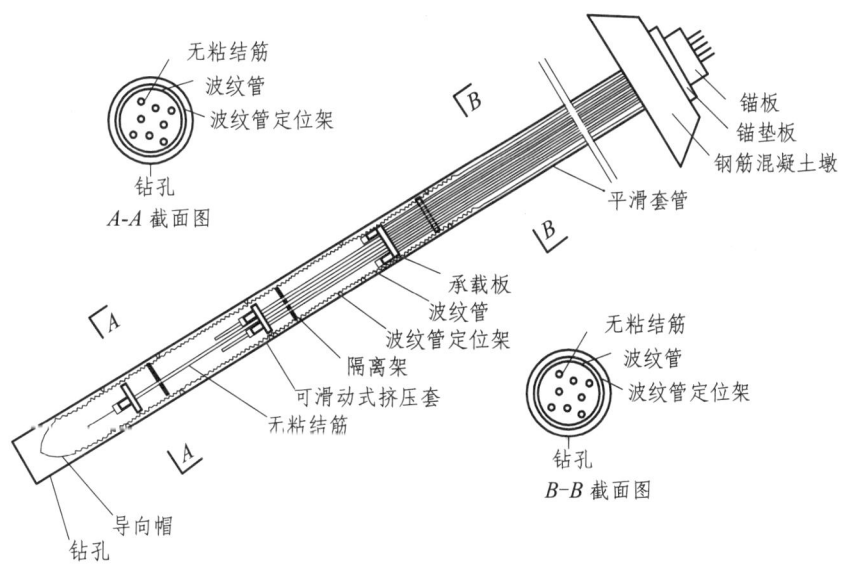

（b）拉压分散型

图 2.1 压力分散型和拉压分散型锚索的结构[3]

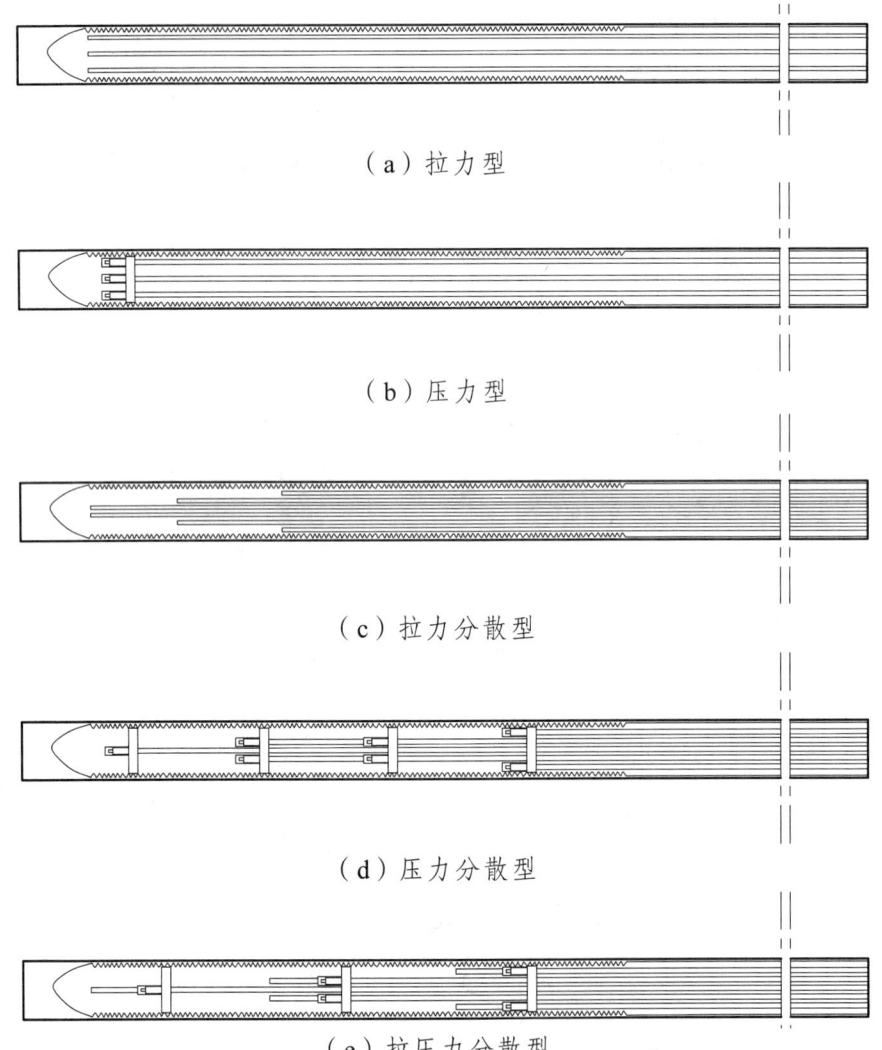

(a) 拉力型

(b) 压力型

(c) 拉力分散型

(d) 压力分散型

(e) 拉压力分散型

图 2.2 按受力与加载方式划分的预应力锚索类型图[3]

被动加力锚索的锁定力很小，利用岩体变位对锚索产生张拉作用而达到设计承载力，适用于受力不十分明确或允许有较大变位的岩体加固，如锚索桩。

预应力锚索采用特制的外锚具，可使应力在一定范围内重新调整，使已有应力损失或出现超载的锚索经调整而受力更合理。相应的，由于调整的需要，锚索体不能和孔壁全长黏结，而需用特殊工艺保证在调节应力时锚索张拉段可自由变位，成为非全黏结锚索。

钢绞线因强度高，组装方便，具有一定的刚度，对外界环境适应能力较强，往往被选作现场制作预应力锚索的材料。

为了更好地解决锚固段应力集中的问题，与目前常用的张拉式荷载集中型锚索不同，研发出了压缩式荷载分散型预应力锚索[4]。

治理滑坡等地质灾害，一般选用主动加力的由高强度低松弛钢绞线构成的拉力式非全黏结型锚索[5]。

2.1.3　预应力锚索的适用条件

技术上，预应力锚索可用于加固一般岩土质的边坡、滑坡和危岩，包括土质滑坡。

由于加固松散体的锚索的预应力衰减是有限的和可弥补的，因此对预应力锚索加固土质滑坡的长期有效性的担心是可消除的。但在以下条件下，其应用和功效受到限制：

（1）当滑动面较陡时，尤其对陡倾的危岩，由于锚索下倾角难以达到最优，锚索往往与滑动面大角度相交，抗滑力会远小于锚固力，事倍功半。

（2）当滑体很厚、锚索自由段过长时，由于钢绞线松弛带来的预应力衰减偏大，锚固功效会打折扣。目前，锚索最长不到 80 m。

（3）当下滑力过大、滑体十分松软时，由于锚索吨位偏大，地层压缩徐变引起的预应力衰减偏大，锚固的长期效果较差。

（4）当滑床为松软土体时，锚固力偏低，需要增加锚固段长度或对锚固段进行特殊处理，使其应用受限[6]。

2.1.4　拉力式预应力锚索结构

加固滑坡常用的拉力式非全黏结型预应力锚索，由锚固段、自由段和外锚固段构成，外锚固段又由结构物或抑制件（垫墩、格构等）、钢垫板和锚具等组成，如图2.3所示。

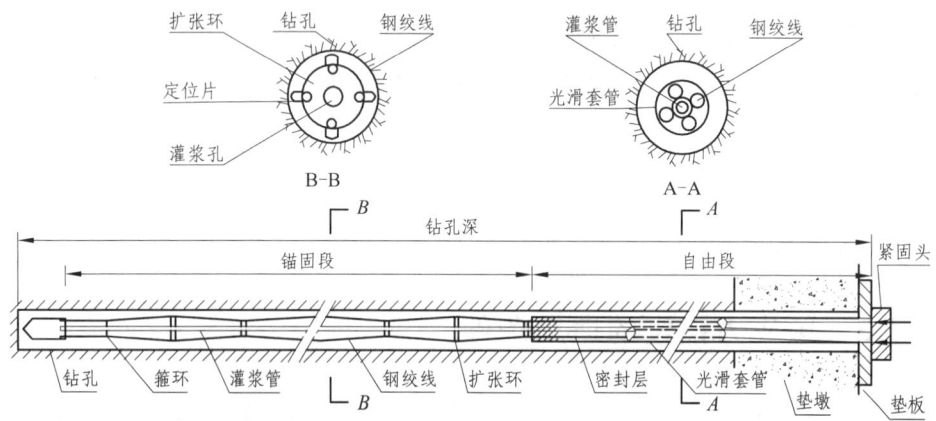

图2.3 拉力型锚索结构示意图

锚索体采用高强度低松弛的钢绞线制作而成，钢绞线应符合国标标准（GB/T 5224—95）或参照美国标准（ASTMA 416-90a）执行。常用的7丝标准型钢绞线的技术参数如表2.1所列。

表2.1 常用的7丝标准型钢绞线的技术参数

标 准	公称直径（mm）	公称面积（mm^2）	1 000 m理论质量（kg）	强度级别（N/mm^2）	破坏荷载（kN）	屈服荷载（kN）	伸长率（%）	70%破断荷载1 000 h的松弛率（%）
GB/T 5224—95	12.70	98.7	774	1 860	184	156	3.5	2.5
	15.20	139.0	1 101	1 860	259	220	3.5	2.5
ASTM A414-94	12.70	98.71	775	1 860	183.7	165.3	3.5	2.5
	15.24	140.00	1 102	1 860	260.7	234.6	3.5	2.5

锚固段是为锚索提供抗拔力的地段，加固滑坡时一般置于滑动面（潜在滑动面）以下的稳定岩土体中，通过灌浆将钢绞线与

岩土体连为整体以提供抗拔力。锚固段提供的抗拔力大小与锚索钢绞线强度、钢绞线与砂浆的握裹力以及砂浆与孔壁岩体的结合力有关。

自由段为传递预应力的段落。为了达到预应力锚索对滑带的加固效果，锚索自由段一般要穿过滑带。必须保证自由段钢绞线的有效防腐，避免因钢绞线锈蚀导致锚索强度降低。自由段钢绞线通过外套塑料管与砂浆隔离以达到自由变形之目的，加固滑坡时自由段往往置于滑体部位。

外锚固段是通过锚具将锚索固定于结构物或抑制件上，在承力的条件下锁定的部分，也是施加预应力张拉后的锁定部件。滑体地表岩土体承载力较高时，往往采用钢筋混凝土垫墩；当地表岩土体承载力较低或坡面过陡时，往往采用地梁或格构梁。预应力锚索所用锚具应符合现行《预应力筋用夹具和连接器应用技术规程》（JGJ85）的规定。

2.2 预应力锚索的力学问题

2.2.1 预应力锚索加固滑坡的力学原理

预应力锚索用于不同目的时其原理不尽一致，加固滑坡时其原理为通过预应力的施加，增强滑体的法向应力和减少滑坡下滑力，有效地增强滑坡体的稳定性。

预应力锚索通过张拉对锚固段产生拉力，锚固段则对滑体产生反作用力，并分解成垂直滑面的正压力 P_n 及沿滑动面的抗滑反力 P_r（图2.4）。二者形成的总抗滑力 P 为

$$P = P_n \tan\varphi + P_r = P_t[\sin(\alpha+\beta)\tan\varphi + \cos(\alpha+\beta)] \quad (2.1)$$

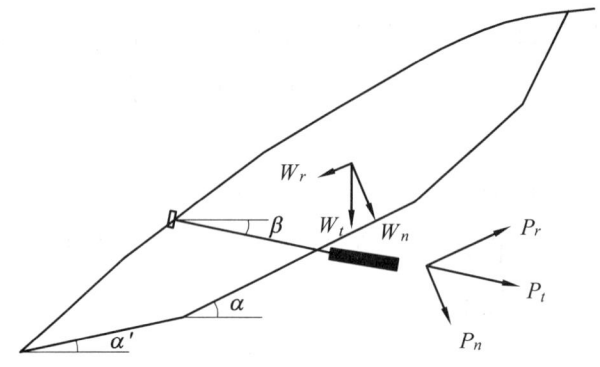

图 2.4　预应力锚索力系图[5]

式中　P_t——锚索设计预应力值；
　　　α——滑动面倾角；
　　　β——锚索与水平面夹角；
　　　φ——滑动面内摩擦角。

此外，滑体及滑带土在长期处于双向受力状态下不断密实，加上锚孔压浆的渗劈黏结作用，其物理力学性质也不断改变。有试验表明，预应力锚索加固后，某工点软弱结构面上的 c、φ 值指标分别提高了 16% 和 11%。笔者参与设计和施工的加固汶川县草坡水电站输水隧洞山体滑坡的预应力锚索工程，按临时工程进行设计，取 1.02 安全系数，20 世纪 90 年代初期完工，10 多年后在"5·12"汶川大地震中该山坡因烈度达 Ⅹ 度而严重垮塌，唯锚索加固的坡面保持稳定，对比鲜明，原因值得总结。

2.2.2　预应力锚索加固松散滑体的应力传递与响应

预应力锚索加固松散滑体的效果常令人担心，但对加固老鸦岩堆积体滑坡的预应力锚索进行的有限元分析，显示了其加固松散滑体的有效性[7]：

（1）锚索所施 670 kN 预应力从垫墩底坡面以约 45°的扩散角向四周和深部变形模量为 600 MPa 的堆积层传递。主压应力值随传递距离增大而递减,至埋深 10 m 的滑面上,应力响应范围为 20~30 m,形成的正压力为 25~34 kN/m², 阻滑剪应力为 8~14 kN/m², 并从锚索与滑面的交点向纵横向扩散与衰减。这表明预应力在松散介质中传递和响应的规律与在岩体中相似,可以通过增大正应力和阻滑剪应力起到抗滑作用。

(2)对锚索沿轴向施加预应力时,坡体浅表部还受到侧膨胀作用,沿坡向存在一个条状拉应力区。最大拉应力值为 $-3 \sim -5$ kN/m², 远小于土体强度,不致使坡面土开裂变形,不设格梁也是稳定的。

(3)当被加固体的变形模量分别为 200 MPa、600 MPa、1 000 MPa 时,坡体和滑面上的应力分布形态和量值基本相同,表明介质的变形模量对坡体和滑面上的应力分布和大小的影响不大,锚索加固变形模量较小的松散介质与加固变形模量较大的岩体同样有效。

(4)堆积层中滑面深度为 15 m 时,与 10 m 时相比,坡体和滑面上的应力分布形态近于一致,只是应力扩散范围增大,滑面上正应力和剪应力相应递减至 8~10 kN/m²、3~5 kN/m²。但总体上,滑面上总正应力和总剪应力的矢量和仍与施加的预应力基本平衡。因此,松散滑体的厚度并不影响锚索的加固效果。

2.2.3 锚索的预应力损失

锚索预应力的损失有 4 个原因:张拉过程中锚具、夹片内缩,张拉管道摩阻,钢绞线的松弛,地层压缩徐变。松散体压缩所致预应力衰减是最为重要的问题。

预应力损失的估算原理如下[8]:

(1)锚具、夹片内缩所致预应力损失 N_1。

钢绞线锁定在锚具内时,夹片会内缩,一般内缩 6 mm,产生一定的预应力损失:

$$N_1 = A \cdot \sigma_1 = A \cdot \left(\frac{\sum \Delta L}{L}\right) \cdot E \qquad (2.2)$$

式中　ΔL——锚具、夹片的回缩值（m）；

L——锚索自由段长度（m）；

E——钢绞线的弹性模量（MPa）；

A——钢绞线的截面面积（mm^2）。

（2）张拉系统摩阻所致预应力损失 N_2。

钢绞线与管道摩擦造成损失后的预应力为

$$P_x = P_0 \exp[-(\mu\alpha + kx)] \qquad (2.3)$$

式中　P_x——与锚具相隔距离 x 的后张力（kN）；

P_0——锚具的后张力（kN）；

μ——管道摩擦系数，可取 0.25；

α——在 x 距离内管道所在平面的角度偏差总和，rad；

k——每单位长度内摆动系数，可取 0.001 5。

也可按经验损失率 2%～4% 估算 N_2。

（3）钢绞线松弛所致预应力损失 N_3[9]。

钢绞线松弛引起的变形量为

$$x_3 = 0.125 \frac{T(1\ 861A)^{0.5}}{EA} TL \qquad (2.4)$$

式中　T——轴向力锁定值，kN；

A——钢绞线截面积，mm^2；

L——钢绞线长度，m；

E——钢绞线的弹性模量，MPa。

据 x_3 按式（2.2）计算预应力损失 N_3。钢绞线松弛与初始应力有关，初始应力越小，预应力松弛损失值也越低。美标和国标钢绞线的 1 000 h 允许最大松弛率，在 70% 最大负荷下均为 2.5%，

80%最大负荷下分别为3.5%、4.5%,可按此松弛率估算预应力损失N_3。设计时设计预应力往往为极限应力的60%~70%,因此钢绞线松弛造成的预应力损失并不太大。

(4)地层压缩徐变所致预应力损失N_4。

滑体及滑带土在长期的双向受压中产生压缩变形而使预应力产生损失。加载时的压缩量与地层岩土性质关系极大,地层的变形模量愈小,其压缩量愈大,预应力损失也愈大。

现场测试表明,预应力一般在加载后20~120 d内可趋稳定,地层压缩1 000 h其应力损失可参考表2.2。

表2.2 地层压缩应力损失参考表

地层分类	坚石	次坚石	结构紧密未风化软石	碎裂岩硬土	散体岩风化软岩普通土	松软地层
应力损失(%)	4	5	6	7	8	>10

综上可知,锚索预应力损失仍是有限的、可控的和可弥补的,在规范施工的条件下,预应力锚索加固松散滑体将是长期有效的。例如,加固老鸦岩隧道和八渡车站松散体滑坡的锚索,预应力在锁定后2个月左右即趋稳定,预应力损失率分别为15%和5%(图2.5)。

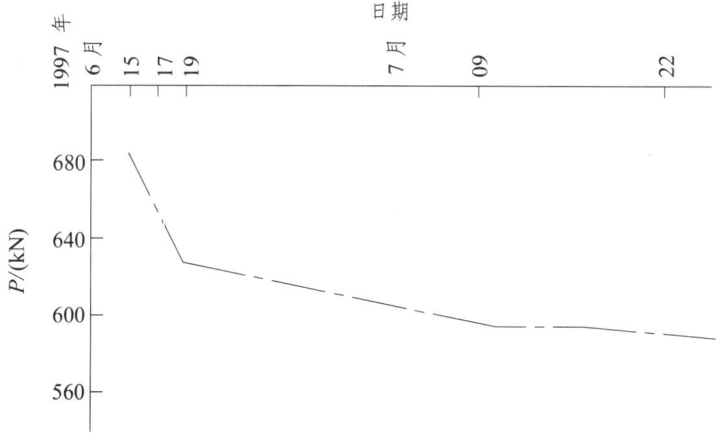

(a)宝成铁路二线老鸦岩隧道滑坡

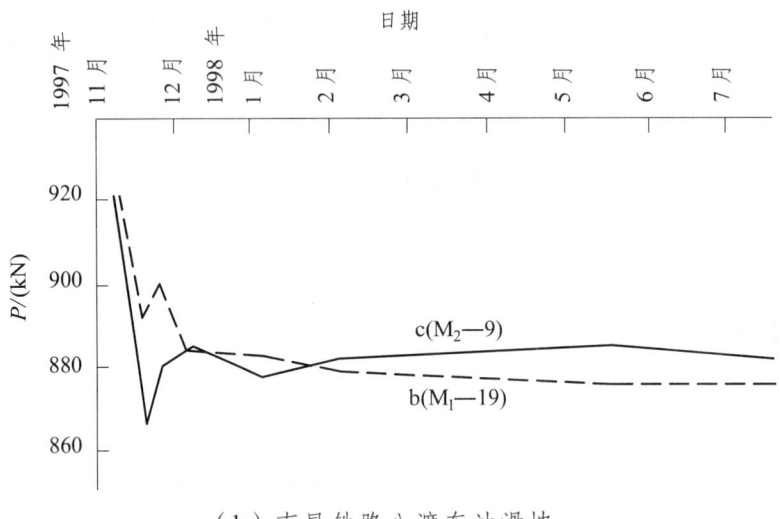

(b)南昆铁路八渡车站滑坡

图 2.5 锚索预应力随时间的变化[10]

2.2.4 锚索的锚固力分布

锚索设计中以砂浆与孔壁间的剪应力沿锚固段全长均匀分布为前提,采用平均黏结强度来计算锚固段的长度。

但大量的试验研究表明,剪应力在锚固段并非均匀分布,而是在前段集中并形成峰值,然后逐渐向末端减小并最终趋近于0[11]。可见,按剪应力均布计算锚固段长度,所得安全系数往往比实际偏大,趋于不安全。

从理论分析和若干实例总结出,拉力型锚索锚固段的剪应力分布曲线是以0为渐近线的单峰曲线[12]。曲线类型尚在探讨中,有峰值位于锚固段起点的指数曲线模式[13]、双曲线模式[14],有峰值位于锚固段中前部的高斯曲线模式、复合幂函数曲线模式[15]以及抛物线模式[16]。

笔者[17]通过对实测数据的拟合,认为用三参数的高斯曲线来描述锚固段剪应力τ的分布曲线较为贴切(图 2.6),并导出了曲

线的特征值，即

$$\tau = a \cdot e^{b(L-d)^2} \tag{2.5}$$

式中　L——从与自由段交点起算的锚固段的长度；

　　　a、b、d——待求的曲线参数，b 为负值。其中：

剪应力的极大值：

$$\tau_{\max} = a \tag{2.6}$$

极值处的锚固段的长度：

$$L_{\max} = d \tag{2.7}$$

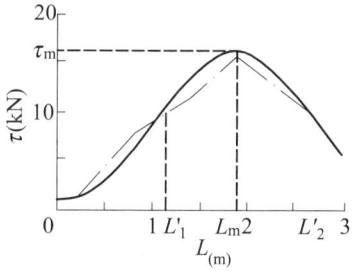

（a）余坪试验锚索

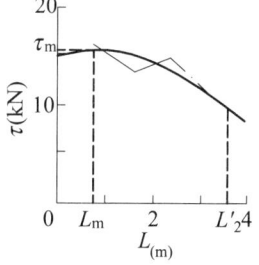

（b）南昆铁路 DK146 工点喷锚墙原设计断面 A 排锚杆

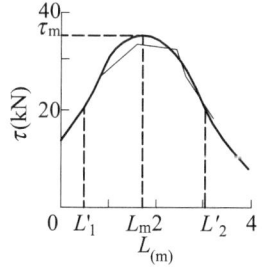

（c）南昆铁路 DK146 工点喷锚墙原设计断面 B 排锚杆

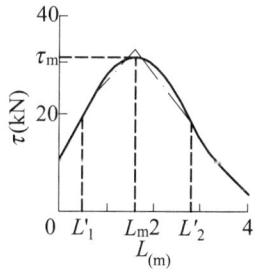

（d）南昆铁路 DK146 工点喷锚墙原设计断面 C 排锚杆

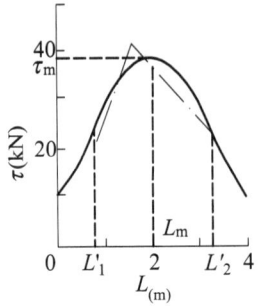

（e）南昆铁路 DK146+860 喷锚墙断面 A 排锚杆

（f）南昆铁路 DK146+860 喷锚墙断面 C 排锚杆

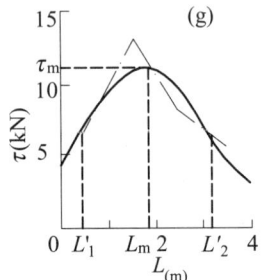

（g）南昆铁路 DK50+437.5 土钉墙土钉

图 2.6　剪应力 τ（P）沿锚固段（L）的分布曲线[17]

剪应力曲线拐点的横坐标：

$$L' = d \pm \sqrt{\frac{1}{-2b}} \qquad (2.8)$$

设 $B=-b$，则锚固段的剪应力（锚固力）之和 F：

$$F = \frac{a}{\sqrt{B}} \cdot \left[\sqrt{B} \cdot \frac{(c-d)+d}{1} - \frac{1}{1!} \cdot \sqrt{B^3} \cdot \frac{(c-d)^3+d^3}{3} + \frac{1}{2!} \cdot \sqrt{B^5} \cdot \frac{(c-d)^5+d^5}{5} - \cdots \right] \qquad (2.9)$$

式中　c——剪应力分布的全长。

剪应力的平均值与峰值之比 k：

$$k = \frac{F}{a \cdot c} \quad (2.10)$$

各实例的 k 值为 0.62~0.72，平均为 2/3，设计锚固段的安全系数应打 2/3 折。例如，要求锚固段的安全储备达到 1.33，则据平均黏结强度计算锚固段长度时所取安全系数应不小于 2。

近来，拉力型和压力分散型锚索按非均匀剪应力设计的方法正在探讨中[18]，实用还待验证。

2.3 预应力锚索的主要设计原则

加固滑坡的预应力锚索设计流程如图 2.7 所示。

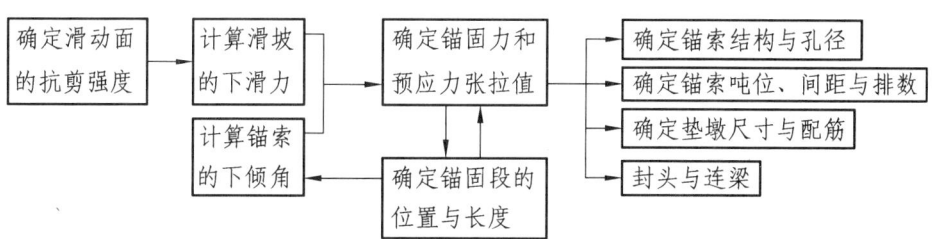

图 2.7 预应力锚索设计流程框图[5]

2.3.1 确定滑动面的强度指标及滑坡下滑力

滑动面的强度指标可直接通过滑带上的全粒径剪切试验和现场的滑动面大剪试验获取。但少量试验往往离散性较大，大量试验费钱费工又不现实，因此有条件时往往根据滑坡主轴断面采用反算法来确定，即根据当前的滑坡状态，据经验确定其稳定系数，再反算 c、φ 值指标。

对滑坡体所处稳定状态的评估带有很大的经验性，应据滑体变形现状来厘定。当滑坡处于蠕动阶段、滑动阶段时，现状稳定系数可分别在 1.10～1.00、1.00～0.95 内取值。当滑坡未明显变形或已剧滑时，现状稳定系数无法确定，不适于反算。

反算中滑动面位置、形态、滑体后缘裂隙状态、地下水资料等非常重要，为此须进行详细的地质勘察工作。对应急勘查中没有足够时间进行滑坡地质工作的工点，应充分利用施工地质资料进行反分析，即通过锚索钻孔揭示的滑面情况对原设计进行修改，即动态设计。

确定了滑动面的强度指标后，根据不同工况、工程的重要等级、地质情况清晰程度等确定所需的安全系数，根据有关下滑力公式计算出滑坡下滑力。

2.3.2 确定锚固力与张拉值

2.3.2.1 设计锚固力

设计锚固力根据滑坡下滑力来确定，设单宽滑坡下滑力为 F，则单宽滑坡所需锚固力为

$$P_t = \frac{F}{\sin(\alpha+\beta)\tan\varphi + \cos(\alpha+\beta)} \quad (2.11)$$

式中　P_t——锚索设计预应力值；

　　　α——滑动面倾角；

　　　β——锚索与水平面夹角；

　　　φ——滑动面内摩擦角。

再根据滑坡的总下滑力来确定设计的总锚固力。

2.3.2.2 预应力损失与张拉值

锚索预应力的损失有多种原因[19]，可通过以下三种途径减少锚索锁定后的预应力损失[21]：

(1)加大垫墩尺寸,减小锚墩底面对岩土体的压力水平。

(2)采用小吨位锚索,如 500 kN、750 kN 级锚索。

(3)多次张拉与超张拉。后一次张拉可补偿前一次张拉后的预应力损失;按超过设计预应力进行锁定前的超张拉,可弥补此前地层压缩徐变所致预应力损失。超张拉值根据测试和经验确定,一般土体控制在 25% 以内,岩体则控制在 10% 以内。

以老鸦岩隧道 750 kN 锚索为例[20],定量估算出各因素所致的预应力损失率:锚具、夹片内缩为 4.4%;张拉系统为 3.0%;钢绞线松弛为 4.5%;地层压缩徐变为 1.5%。总的预应力损失率为 13.4%,计 100.5 kN,其中松散层压缩因采用了分次张拉和超张拉而仅占 11.5 kN。

2.3.3 确定锚索下倾角

理论上,单位长度锚索提供最大抗滑力时的下倾角 β(°)为:

(1)仅考虑锚固段时,

$$\beta = \varphi - \alpha$$

(2)仅考虑自由段时,

$$\beta = 45° + \varphi/2 - \alpha$$

(3)同时考虑锚固段和自由段,笔者[22]推得锚索最佳下倾角公式:

$$\beta = \frac{45°}{K+1} + \frac{2K+1}{2(K+1)} \cdot \varphi - \alpha \tag{2.12}$$

式中 K——锚索的锚固段长度与自由段长度之比;

α、φ——设锚索段滑动面的倾角和内摩擦角。

结合灌浆施工的需要,β 一般取值为 10°~30°。

2.3.4 确定内锚固段长度

2.3.4.1 设计原则

考虑以下两条原则，一般最长取 8~10 m。

（1）提供足够的锚固力。

每根预应力锚索承担的锚固力须控制在容许锚固力范围之内。

$$容许锚固力 = 极限锚固力/锚固安全系数\ k$$

预应力锚索极限锚固力通常由破坏性拉拔试验确定。

极限锚固力受4种因素控制：锚索钢绞线强度、砂浆对钢绞线的握裹力、砂浆体与锚孔壁的结合力、锚固段岩土体的剪出破坏。

为了节约成本，锚索钢绞线的极限破断力、钢绞线与砂浆的极限握裹力及砂浆与孔壁岩体的极限抗拔力三者之间尽量不要相差悬殊。一定的钢绞线其极限破断力为一定值；钢绞线与砂浆的握裹力则取决于砂浆的强度等级、钢绞线的规格；砂浆体与孔壁岩体的结合力取决于砂浆的强度等级、岩体的类型、节理裂隙的发育程度等。应通过试算，尽量使三者接近和匹配。

锚固段一般深置于基岩中，岩体不易剪出破坏；锚索体的钢绞线有足够的安全储备，其藕节状结构增大了砂浆对钢绞线的握裹力。因此，控制锚固力的突出因素为砂浆体与锚孔壁的结合力。砂浆体与锚孔壁的结合力应经现场试验与经验确定，对南昆铁路特殊岩土体的试验值如表2.3所列，规范建议值如表2.4所列，可供参考。

表 2.3 南昆铁路现场试验所得砂浆体与锚孔壁的极限剪应力

路段	岩性	工程类型	砂浆标号	极限剪应力（kPa）
DK50	砖红壤风化壳	土钉	300号	55
DK146	下第三系膨胀泥岩	土钉	300号	32、68
八渡车站	砂泥岩古滑坡体	锚索	350号	820
DK311	砂泥岩断层破碎带	土钉	300号	211

2 预应力锚索技术、设计与施工

表 2.4 砂浆体与锚孔壁的极限剪应力[23]

岩土类别	岩土状态	孔壁摩擦阻力（kPa）
岩石	硬岩	1 200 ~ 2 500
岩石	软岩	1 000 ~ 1 500
岩石	泥岩	600 ~ 1 200
黏性土	软塑	30 ~ 40
黏性土	硬塑	50 ~ 60
黏性土	坚硬	60 ~ 70
粉土	中密	100 ~ 150
砂土	松散	90 ~ 140
砂土	稍密	160 ~ 200
砂土	中密	220 ~ 250
砂土	密实	270 ~ 400

设计中，锚固段长度 L 以砂浆与孔壁间的剪应力沿全长均布为前提按下式计算：

$$L = \frac{K \cdot T}{\pi \cdot D \cdot \tau} \quad (2.13)$$

式中 安全系数 K 一般取 2.0 ~ 2.5；

T——预应力张拉值；

D——锚孔直径；

τ——砂浆与孔壁间的剪应力。

（2）锚固段全长有效。

根据测试和有限元分析，锚固段设在坚硬岩层中，锚索的轴向应力沿轴向迅速衰减，传递深度仅 3.0 m，锚固长度不宜长于 3.0 m；在中硬岩层中传递深度为 5.0 ~ 6.0 m，锚索锚固长度不宜长于 6.0 m；在软弱岩层中，轴向应力在锚固段全长范围内分布，但当锚固长度大于 10 m 时锚索杆体中轴向应力已很小，相应的黏结剪应力也较小，靠增加锚固长度来提高锚索的抗拔力已变得效果不明显，故在软弱岩体中锚固段长度不宜超过 10 m。

在一定的结合强度下，锚固段的承载能力一定。当锚体与锚孔壁的结合应力的峰值大于锚体与锚孔壁的结合强度时，锚体在孔内产生滑移，在滑移段只留下结合力的残值强度，峰值后移并逐次产生渐进破坏，再增加锚固段长度也无济于事，因此锚固段的有效长度一般不大于 10 m 是可行的。

锚固段全置于滑面或堆积层以下的基岩中，考虑应力扩散，锚固段的起点与滑面间应留有 1 m 以上的长度。

2.3.4.2 增大锚固力的措施

在增加锚固段长度已无效时，增大砂浆体与孔壁间的结合力有以下 3 种途径：

（1）扩大锚固段孔径，以增大孔壁面积，同时有支承作用。程良奎[24]得扩孔后锚固段的锚固力 P 为

$$P = \pi \cdot D \cdot L \cdot \tau + 0.25\pi \cdot (D^2 - d^2) \cdot \beta \cdot \tau \tag{2.14}$$

式中　D、L——锚固段直径、长度；

　　　τ——砂浆与孔壁间的剪应力；

　　　d——自由段直径；

承载力系数 β 取 9.0。

（2）二次高压劈裂灌浆，以形成更粗的砂浆体，并因浆液扩渗而提高土体强度，从而显著提高锚固力[25]。

（3）采用压力分散型锚索。锚索体与锚孔壁的结合应力的峰值，分散型锚索远小于应力集中型，往往还小于与土层孔壁的结合强度，锚索不易失效。

2.3.5　确定锚索结构和孔径

2.3.5.1　钢绞线根数

根据单根锚索要求承受的锚固力和钢绞线的最小破断载荷,加一定的安全系数来确定锚索的钢绞线根数。

为控制钢绞线松弛引起的预应力衰减,一般采用国标 GB/T 5224—95 及美国标准 ASTM A416—94 高强度低松弛钢绞线,其 70% 破断荷载 1 000 h 最大松弛率为 2.5%。

美国标准 ASTM A416—94 钢绞线,用 7 丝拧成,$\phi15.24$ mm,截面面积 140 mm^2,张拉强度 1 860 N/mm^2,最小破断载荷 260.7 kN。500 kN 锚索用 4 根钢绞线组成,750 kN 锚索用 6 根钢绞线组成,超张拉 25% 时安全系数 K 为 1.6。研究现有规范认为 K 取 1.50 已足够。

2.3.5.2　锚索体结构与锚孔直径

对拉力型锚索,钢绞线呈同心状环列,中心全长插灌浆管。锚固段用扩张环和定位片束张呈藕节状;自由段各根钢绞线防锈防腐后,分别套上塑料管,再用箍环紧束成索;塑料管末端用胶带扎成止浆塞。

锚孔直径据索体直径,并考虑砂浆体的空间来确定。4～8 根钢绞线的锚索,锚孔孔径一般设计为 90～115 mm;9～15 根钢绞线的大吨位锚索,锚孔孔径一般设计为 115～135 mm。据成孔机具,一般设计为 110 mm。

2.3.6　确定锚索吨位、间距和排数

2.3.6.1　锚索吨位

当失稳坡面较大时,宜尽量采用小吨位锚索来加固。虽然小

吨位锚索比大吨位锚索的根数要多，因而总的造孔费用略高，但增大了加固面积，可减少未加固区滑体的残余变形，效果更好。

考虑到索体的构造，小吨位锚索的钢绞线最少要 3~4 根。一般采用 4 根钢绞线的 500 kN 锚索及 6 根钢绞线的 750 kN 锚索。

2.3.6.2　锚索间距

治理滑坡的锚索为群锚，一般呈矩形排列，横向成排，竖向成列。考虑群锚效应，锚索之间的间距应不小于锚体直径的 5 倍及 1.5 m，据经验一般取 3~6 m。

松散体的结构强度低，当锚索间距过小时，可能相互影响，降低锚固能力，同时不同部位的锚索受力也有差异，因此有锚索间距要大于 5 倍孔径的经验。

另一方面，锚索间距又不宜过大，否则锚索之间会出现明显的应力跌落区，达不到对坡体整体锚固的效果。

对老鸦岩堆积体不同间距锚索的有限元模拟表明[7]，当锚距为 3 m 时，锚索之间的坡体和滑面上，不存在应力分离所形成的应力明显降低区，坡体和滑面的应力得到整体改善；当锚距为 6 m 时，锚索之间区域的正应力和阻滑剪应力已存在明显的跌落，应力响应峰值降低了 40%~50%。据此，加固松散介质的预应力锚索的间距，以 3~6 m 为宜。

群锚中不同位置的锚索，其受力有区别。其中以角锚受力最大，边锚次之，中心锚最小；同时，有实例表明最下一排锚索受力最大。

2.3.6.3　锚索排数

根据单列锚索的设计总锚固力和单根锚索所能承受的锚固力确定锚索的排数。锚索排数一般由主轴断面向两侧递减，但要构成锚群，不宜少于 2 排。

当锚索排数较多时，可分组布于滑坡纵向上的不同部位，每组数排，使加固均匀化。

2.3.7 垫墩/格梁、锚具、封锚、连梁

2.3.7.1 垫墩/格梁

松散滑体有一定承载力，当坡面较缓、无局部崩坍失稳现象时，锚索抑制体可不采用会增加费用、设计和施工复杂的格梁[26]，而采用单点锚的垫墩，有的工点加有地梁。

垫墩可为方块形或翻斗形，底面尺寸根据预应力张拉值和锚墩处土体允许承载力来确定，按厚板状结构确定垫墩厚度。

对土体，500 kN 锚索可设计为 1.5 m×1.5 m×0.5 m，750 kN 锚索为 2.0 m×2.0 m×0.6 m。垫墩材料设计为 C25 钢筋混凝土，布筋只按构造筋考虑。

当有局部崩坍失稳可能的较陡坡面时，才设格梁框箍坡体。格梁纵横交织，为矩形断面、钢筋混凝土结构，加强拟设锚索的节点处配筋。为利于坡面排水且避免相邻结点锚索张拉时相互影响，纵、横梁中均留出断缝，形成十字架形，实为垫墩与格梁的综合体。

2.3.7.2 锚 具

采用与钢绞线根数相同的锚具。500 kN、750 kN 级锚索采用 OVM 型 4 孔、6 孔锚具，夹片回缩值为 6 mm。

锚具与垫墩之间设正方形钢垫板，尺寸可为 25 cm×25 cm×2 cm，500 kN 锚索设 1 块，750 kN 锚索叠 2 块或加厚。

2.3.7.3 锁定、封锚与地梁

超张拉后，锚索锁定于锚具上，强调锁定工艺，减少夹片内缩，以防预应力损失。对直接设于滑体上的锚索，超张拉值即为锁定值；对锚拉桩上的锚索，不能按设计吨位锁定，只能按部分设计锚固力锁定，因桩顶向外位移后锚索受力要进一步增大。

锁定后切除钢绞线余长，用C15混凝土封住锚头，以防锈蚀与破坏。当预计锁定后预应力衰减过大时，要预留一定长度钢绞线并加高封头，以备重新张拉之用，外露长度不小于20 cm。

有的工点在最下排锚索设钢筋混凝土地梁，以约束坡脚。

2.4 预应力锚索施工技术

2.4.1 预应力锚索施工工艺要点

预应力锚索施工工艺流程：施工准备（定孔位、拉拔试验）→钻孔→锚索制作与安装→注浆→张拉→锁定→封锚（→应力监测）→工程验收。

2.4.1.1 施工准备

根据设计图定出孔位。一般要求水平方向孔距误差不应大于50 mm，垂直方向孔距误差不大于100 mm。其实，由于是群锚共同作用，应允许孔位在施钻受阻时适当移位重钻。

为检验锚固段设计，正式施工前先施工试验锚索，进行拉拔试验，试验至破坏为止；及时反馈试验结果，以复核锚固段的设计，达不到设计要求的要修改设计。一些拉拔试验未进行到破坏，至设计荷载即止，不能反映锚索破坏的原因，也不能估计安全储备的大小，未达目的。

对一次自孔底有压灌浆的锚索，试验锚索应尽量不设自由段，避免造成表观锚固力很大的假象。

2.4.1.2 造锚孔

造孔要保证孔深、孔径和孔的倾角。

采用专门的锚固钻机施工，一般用风动凿岩钻机，无水风钻；

需配备大型空压机,动力部分采用风动或液压驱动;跟进的套管用拔管机拔出。

有的规范要求孔深不得超出设计 20 cm,一般则要求超钻 50 cm,以免沉渣影响有效孔深。达到深度后采用高压风清洗孔壁,吹出沉渣。及时编录与反馈施工地质情况。

锚孔直径据索体直径,并考虑砂浆体的空间来确定。据成孔机具,一般设计为 110 mm。

锚索下倾角一般要求偏差不大于 1°,有规范要求孔斜不大于 3%。

2.4.1.3 锚索索体的制作与安装

(1) 索体结构。

采用 $\phi 15.24$ mm 带护套的高强度、低松弛钢绞线制作。一般采用国标 GB/T 5224—95 及美国标准 ASTM A416—94 高强度低松弛钢绞线。500 kN 锚索用 4 根钢绞线组成,750 kN 锚索用 6 根钢绞线组成。

钢绞线呈同心状环列,中心全长插灌浆管,可并列排气管。锚固段用扩张环和定位片束张呈藕节状;自由段各根钢绞线防锈防腐后,分别套上塑料管,再用箍环紧束成索;塑料管末端用胶带扎成止浆塞。

(2) 要求。

对钢绞线作抗拉强度检测,确认已作防腐处理,并已防锈除垢。锚索的锚固段要剥去钢绞线的护套,每间隔 1.0 m 用扩张环和箍环扩束呈节状,锚索外套上加定位片以便入孔后居中,末端套 $\phi 60$ 钢管作为导向帽。

自由段末端用胶带纸密封以防砂浆进入护套内。整根锚索稍长于设计长度,以伸出锚具供张拉。施工中锚索用人力插入锚孔中,端头露出孔外适当长度,作套锚具和拉拔之用。

（3）承载体。

压力分散型锚索的承载体一般为承压钢板，配以挤压套。钢绞线对称分组与承压板套接。承压板上孔洞亦分组，孔径大小不等；各级承压板上孔数亦不同。最短一组钢绞线穿入第一块承压板（孔洞最多）上的最小孔洞中，端部用挤压套固定。次短一组钢绞线穿入第一块承压板上的较大孔，套接于第二块承压板（孔洞次多）上，以此类推。

为避免承载体之间产生应力叠加，承载体应保持相当的间距。有试验认为承载体间距的临界值为 2.0 m（岩层）和 3.5 m（土层）。

对于要回收的压力分散型锚索，则是将钢绞线绕过承压板并在其中点处借用专用机械实现 U 形弯曲并捆扎牢固，以利回收钢绞线。

2.4.1.4　灌　浆

为使砂浆灌注饱满，将灌浆管置于锚索中心并与锚索等长，采用一定压力自孔底向上一次性灌注或采用二次注浆工艺，不宜采用孔口自流式灌浆方法，工期紧迫时可在砂浆中添加适量早强剂。

一般采用 M30 水泥砂浆注浆，采用普通 32.5 级硅酸盐水泥，水灰比约 1∶0.42。

采用自孔底一次有压注浆法，注浆压力 0.4～0.8 MPa，稳压 3～5 min。浆体凝固收缩后，从孔口补灌满盈。

压力分散型锚索一般采用一次性灌注。

2.4.1.5　制抑制件

锚索的抑制件可采用格梁或垫墩，多数用垫墩，有的加地梁。

垫墩可为方块形或翻斗形，底面尺寸根据预应力张拉值和锚墩处土体允许承载力来确定，按厚板状结构确定垫墩厚度。垫墩材料多设计为 C25 钢筋混凝土，布筋只按构造筋考虑，就地立模现浇。

格梁也是就地置筋后立模现浇，梁体要嵌进坡体，尽量使框格在其平面上顺直，立面上少凹凸起伏。

2.4.1.6 张　拉

采用与钢绞线根数相同的锚具。锚具与垫墩之间设正方形钢垫板。

首先要标定张拉机，标定间隔期不宜超过 6 个月。

张拉前要将孔口岩面凿平并与锚孔垂直，偏差控制在 5°以内。锚索从抑制件伸出后套上钢垫板和锚具，用张拉机对锚索实施张拉。

一般采用多次多级张拉工艺。首先通过预张拉将各束钢绞线拉直，每级张拉要稳定一段时间以便锚索中预应力的传递和调整。两次张拉间的时间间隔较长，第二次张拉在第一次张拉的预应力基本稳定后进行，以弥补预应力损失。张拉的总吨位不小于设计吨位。超张拉吨位不能超过锚索强度的 3/4。

一般 500 kN 锚索采用 2 次 3 级张拉，超张拉比为 10%～25%；750 kN 锚索采用 2 次 4 级张拉，超张拉比为 10%～20%。

垫墩混凝土初凝后方可进行首次张拉，2 次张拉间隔 3～7d 以上，每级张拉稳定 5～10 min 以上。要控制加载速率，一般每分钟加载设计应力值的 1/10，卸载则为 1/20。

压力分散型锚索要分组张拉，不能整体张拉，以免各承载板受荷不等而导致钢绞线应力不均。张拉顺序一般为先远后近地逐块进行，但也有研究建议为先近后远地逐块张拉，以减小各承载体间应力的相互影响。

2.4.1.7 锁定与封头

超张拉后，锚索锁定于锚具上，强调锁定工艺，减少夹片内缩，以防预应力损失。

锁定后切除钢绞线余长，用 C15 混凝土封头以免钢绞线锈蚀。当预计锁定后预应力衰减过大时，要预留一定长度钢绞线并加高封头，以备重新张拉之用，外露长度不小于 20 cm。

2.4.1.8　应力监测

对重大工点，应选若干锚索安设测力计，对预应力进行长期监测，直至预应力趋于稳定。对比预应力稳定值与设计值，确定是否需重新补偿张拉。

监测仪器采用压力盒（钢弦式、应变式、液压式），压力计底部必须置于钢垫板的中孔孔缘与外边缘之间。监测时间至少一年，监测次数先密后疏，前一至两个月每 10 日一次，以后可每月一次，雨季酌情加密。

工程验收前由施工单位负责监测工作，及时记录整理并反馈监测结果。如设计布置有坡体变形监测，则需一并进行。

2.4.1.9　工程验收

工程竣工并自检合格后提请验收。一般应符合以下条件：

（1）工程已按批准的设计文件施工完毕，质量符合要求，运行正常。

（2）发现的工程缺陷和问题业已整改至符合要求。

（3）经监测，锚索应力和坡体变形已趋于稳定。

（4）竣工文件已整理完善。对预应力锚索工程，竣工文件除一般工程的要求外，要强调：钢绞线和锚具的出厂合格证、拉拔试验报告、钢绞线抗拉强度检测报告、灌浆和张拉施工日志、应力和变形监测报告。

2.4.2 滑坡体锚孔钻进工艺问题与对策

2.4.2.1 钻孔机具

施工预应力锚索的机具甚多,包括造孔机具(钻机、拔管机、空压机)、制锚索机具(切割机、电焊机)、灌浆机具(搅拌机、灰浆泵)、张拉机具(张拉机)以及配套的运输车辆和发电机。滑坡体较破碎松散,以造孔机具最为关键。

国产钻机较轻便、价格低,加固陡峭坍滑体时易于就位,但一般动力小、跟管能力有限,在松散体中钻进往往要辅以其他方式护壁,易坍孔、效率低。进口钻机跟管能力强,对松散堆积体、断层破碎带中的滑坡加固很适用,但较笨重,难以上到陡坡上作业。

进口钻机以瑞典 Atlas copco 型履带式钻机为代表,可自行及爬坡,钻臂可旋转180°;采用 ODEX 技术偏心跟管钻进,对松散体中钻进很有效。

国产钻机有长春 GZ-150 型钻机,采用双动力头,可套管旋转跟进护壁,提升力、给进力、扭矩较大,但整体质量超过 3 t。

国产轻便型钻机以无锡 MD-50 型钻机较早,整体重 980 kg,功率较小,设计孔深 50 m,采用偏心钻头可跟管 15 m。

风动凿孔所配冲击器,除与瑞典钻机配套的 copco 型外,国产钻机均采用宣化英格索兰 DHD 高风压系列和 CIR 低风压系列。

所配空压机主要为内燃型、中高风压型,如上海英格索兰系列。要在滑坡中顺利成孔,匹配大功率空压机是关键,风量 20 m^3/风压 20 kg 最佳。

机具的维护保养十分重要。机具往往在一个工点正常运行至竣工后,转移至新工点开工时却故障频发,因此,归库和转移途中要勤于保养。

2.4.2.2 钻孔工艺

滑坡体破碎富水松散，造孔甚难、成本甚高，成孔工艺最为重要。由于先期孔注浆浆液扩散使岩土体固结，后期孔的造孔困难会逐渐减少。以加固深厚、松碎、富水的南昆铁路八渡车站巨型堆积体滑坡采用的长达 75 m 预应力锚索施工为例[27]，其用 3 种钻机造孔，工艺因钻机类型而异。

（1）瑞典 Atlas copco 钻机。

此种钻机可自动跟管护壁，采用跟管钻进工艺。对右侧破碎段在 30 m 深以内的锚孔，采用单层跟管钻进方法，即用直钻头钻至滑动面后，改用偏心钻头带套管钻进至完整地层处，再用直钻头钻至设计深度。对左侧滑面深度达 40～50 m 的锚孔，采用双层跟管钻进工艺，即用直钻头钻至 30 m 左右后，用大的偏心钻头带第一层套管至 30 m 左右，再改用小偏心钻头带第二层套管钻进至完整地层处，最后用直钻头造孔至设计深度。

瑞典 Atlas copco 钻机以其自动跟管钻进技术而具有较大优越性，成孔效率高。但该机价格昂贵，整机重达 5 t，自行爬坡不能达到 30°，故陡坡锚索只能采用轻型钻机造孔。

（2）长春 GZ-150 型钻机。

该型钻机也可跟套管钻进，采用了以下几种钻孔工艺：同步跟管护壁法，先成孔后下套管护壁法，用偏心钻头扩孔后旋进导管护壁法。对地层复杂的钻孔，这些导管护壁难以实现时，加上了局部注浆工艺，反复循环成孔。

长春钻机的跟管钻进性能，比瑞典钻机差，比轻型钻机强，但总体质量大，又不能自行，移机、就位困难，成孔效率大受影响。

（3）轻型钻机（以无锡 MD-50 型为代表）。

此种钻机跟管钻进能力有限，在八渡车站滑坡体中钻进很困难。通过摸索，总结采用了两种成孔工艺。

一是注浆护壁工艺，即钻进至破碎、富水易坍孔地段，灌注水泥浆护壁后再行钻进。但如浆体凝固期间移钻另一孔，浆体凝固后返回钻进就很难保证与原孔一致，护壁起不到作用。后保持注浆孔钻机不动，才初步解决这一问题。同时，注浆上溢至孔口，重新钻进会偏离较硬的浆柱，打偏入土，脱离护壁段。后捆扎了止浆塞但效果仍不佳。注浆护壁工艺耗时费工，效果不如跟管，成孔效率低。

另一种工艺是大口径钻进后用冲击器下套管护壁，方法简单，效果较好，但对破碎带深度超过 35 m 需下两层套管时也力不从心。

轻型钻机因跟管能力差，效率甚低，但因价格低廉，机体轻便，可采用多台钻机会战，因此仍起作用，完成了一半的造孔工程量。

国产偏心钻头常不能转收，造成钻头与套管丢弃，孔也报废。

2.4.2.3 钻进事故处理

由于滑坡地质条件极为复杂，钻进中卡钻、掉钻、断管等事故时有发生。在事故排除中采用以下办法，可减小损失。

（1）卡钻。

卡钻指主要因地层破碎松散，钻进盲目求快，提钻、洗孔、出渣不够而卡死钻具。

排除方法，轻者可开足风量来回洗孔，逐步提钻。卡钻于深 20~30 m 处时可用拔管机或张拉机硬性将钻具拔出，但对拉力要严格控制。当卡钻严重，前两种方法不能奏效时，只能在孔周另打 2~3 孔将卡钻处钻松，取出被卡死的钻具。

由于地层富水而浸湿岩粉造成的卡钻，则需向孔内注水将岩粉稀释成浆状，再开风反复洗孔即可排除。

卡钻后反复扫孔不一定有效，反而可能导致坍孔越来越大，最终废孔。

总之，钻进不能盲目求快，要勤洗孔，多提钻，及时护壁，才能减少卡钻事故。

（2）掉钻。

造成钻头、冲击器或钻杆等钻具掉落于孔内的事故甚多，主要原因有：钻具质量不合格，在高频冲击中断裂；收回偏心钻头时操作不当，钻具回脱；提钻时未按规程操作而使钻杆滑入孔内；钻具长期磨损未及时更换而断裂；排除卡钻事故时不慎将钻杆拉断或扭断。

对于在浅处发生的掉钻，可使用打捞工具将钻具捞出。如果是因钻具反转脱落而掉钻，即使深度较大，也可用套锥打捞上来。由于断裂而掉钻于深处者，不易打捞，只好放弃。

严格按规程操作，事前检查钻具并及时更换，是预防掉钻的重要措施。

（3）断管。

跟管钻进较深时，因国产钢套管质量较差，套管的丝扣损坏或厚薄不匀，多次发生钢套管断裂。

断管后只能用拔管机将套管拔出，另行造孔。在无法采用进口钢套管的现实条件下，事前检查套管丝扣，尽量使用新的套管，可以防止部分断管事故。

（4）施工影响。

由于采用高压风动造孔，对坡体干扰较大，水、气、土飞冒，对滑坡稳定不利。因此锚索施工应在旱季或超前进行，以免造成的干扰与其他不利因素叠加。

同时，造孔时粉尘飞扬，噪声刺耳，污染环境和危害施工人员健康，在城镇施工时影响更大。这是至今尚未解决的一个难题。

事先应取得环保部门对施工的许可；采用吸尘装置也是防护措施之一，但实际效果有限。实测 Atlas 钻机配套吸尘器的吸尘比例仅约 1/3；同时，应尽量不在夜间施钻扰民。

（5）深孔纠偏。

锚索过长，锚孔钻进易发生较大弯曲，致使锚索不顺直。

这不但会导致预应力在锚索上传递时发生较快的损失，而且可能使弯曲处裹护锚索体的水泥砂浆体被压而破裂，易于浸水而锈蚀锚索。

深孔纠偏技术尚待在实践中探讨，孔口段加导向器只是措施之一。近年，成都探矿工艺所开发出了低风压也能驱动的跟管钻具和投球式反吹接头清孔技术[28]，这将有利于推进复杂地层锚孔的施工。

2.4.3 预应力锚索施工工艺问题及探讨

2.4.3.1 钢绞线

钢绞线除合格出厂外，对较重大工点还需进行进货检验，即抗拉强度试验。单根钢绞线的极限抗拉强度达 260 kN，要委托有相应设备的单位进行试验。

常用 7 丝标准型钢绞线。为获较大的锚固吨位，一般用直径 15.24 mm 的钢绞线，不用直径较小的。

为防腐蚀，至少采用钢绞线除锈防腐、塑料套裹护、水泥砂浆裹护三道措施。近年在钢绞线表面喷涂特制环氧粉体自身防护，再外涂油、套薄层塑料和聚乙烯管，并在锚索体上套波纹管，管外灌浆，形成 6 层防护，更为可靠，化学腐蚀的问题基本解决。

现最关注的是应力腐蚀，即钢绞线长期处于高拉应力状态下产生缺损进而组成钢绞线的钢丝产生破断的问题[29]。由于预应力锚索面世仅数十年，作为百年大计的抗滑工程，尚未全程经受检验，因此目前应以加大锚索钢绞线的安全储备、规范张拉工艺来应对。

勘查的滑动面深度常有误差，设计的锚索长度会视成孔揭示的实际滑动面进行动态调整，因此钢绞线不能全按设计长度事先下料，而应据代表性锚孔分批落实长度后再行制作，以免废弃长度不适的锚索体。

2.4.3.2 注　浆

（1）浆体材料。

一些规范要求采用纯水泥浆。但实践表明，纯水泥浆成本比水泥砂浆高，且因可能收缩开裂而黏结效果稍差，故在有砂源时建议尽量采用水泥砂浆。

（2）压力与配比。

注浆压力不宜过高，以可从孔底返浆至孔口为度，一般不超过 0.8 MPa；浆体不宜过浓，以免堵管；水灰比、灌浆压力人工不易准确掌控，应尽量自控化。

（3）灌浆管与排气管。

灌浆管不能过小，小则易堵，管径宜大于 18 mm。排气管并非必须，从孔底向上注浆也可自然排气。

（4）充盈率。

许多工点反映注浆量大大超设计，因此投标时要视地层情况合理估算充盈率。同时，由于先期孔注浆浆液的扩散，后期孔的注浆量会减少，下排孔的注浆量也会比上排孔少，只要克服了先期上排孔的注浆困难，后期下排孔注浆会逐渐变易。

（5）无黏结锚索的灌浆问题。

非全黏结型锚索的自由段不直接被水泥砂浆裹死，有利于预应力的调节。其灌浆有一次完成和分两次完成两种工艺。

一次自孔底有压灌浆的工艺，比二次灌浆要简便，但是会造成锚固力很大的假象。因为锚固段和自由段的砂浆已连成一体，提供锚固力的就不仅是锚固段，还包括了自由段，使拉拔试验的锚固力偏大，据之设计锚固段的长度可能使安全储备减小。

2.4.3.3 抑制件

（1）垫墩。

垫墩常用方块形与翻斗形。前者易施工，后者省料。

要使垫墩面与锚索垂直，必须相应开挖坡体，使之密贴，以减少坡体压缩蠕变；更不能将垫墩虚立，也不能在其后半填半挖；回填墩缘与坡面间的凹槽，避免掏蚀。

（2）格梁。

格构梁必须嵌入坡面，底面与坡体密贴，顶面平顺。对于土质不均或岩质的坡面，此非易事。

节点上锚索的张拉更要仔细，对各节点普遍张拉完某一级后才宜再普遍张拉下一级，避免各节点受力不均引起格构梁破损。事实上，将连贯的格构改为十字形，施工更简便，并有利于坡面排水。

（3）钢垫板。

钢垫板不能过小，要较宽地超覆锚孔；钢垫板也不能过薄，以避免张拉时拉凹，无合适厚度钢板时可两块叠置。

2.4.3.4 张拉与锁定

（1）张拉。

张拉的关键是分次、分级，包括预张拉和超张拉。要保证分次、分级的稳定时间和时间间隔，每次张拉要回 0，分股张拉要对称进行。

分级张拉的伸长量[9]：

$$\Delta L = \frac{P \cdot L}{A \cdot E} \tag{2.15}$$

式中 P——张拉荷载（kN）；

L、A、E——钢绞线的长度（m）、截面面积（mm^2）和弹性模量（MPa）。

（2）卡具回缩。

锁定的关键在于减小卡具的回缩，要求仔细而熟练的操作。因为回缩所造成的预应力衰减一般占到总衰减值的 1/3。

（3）钢绞线余长。

锁定后切除剩余钢绞线并封头，所留钢绞线余长要满足因滑掉卡具而重新张拉所需，不小于 20 cm 是经验值。切不可齐根切断，锚索失效后将无法挽回。

2.4.3.5 锚索失效与修复

（1）锚索体拔出。

在影响极限锚固力的 4 种因素中，砂浆体与锚孔壁的结合力为控制因素，因此常见因结合力小于剪应力而使锚索体整体呈活塞状拔出，如广北路滑坡。

此类破坏是不可修复的，必须重新施工锚索。

（2）向下转动。

由于预应力衰减引起锚索松弛，或坡体失稳致锚索悬空，在下滑力的推动下，坡面上锚索连同垫墩会向下转动，进而失效。

此类失效有的是可修复的，即有条件时将垫墩上拽回复原位，再拆除封头重新张拉，如宝成复线老鸦岩滑坡，最下一排锚索向下明显转动失效。

（3）垫墩内陷。

由于垫墩底面积偏小，施加预应力后底面压强大于基底承载能力，基底被压缩沉陷，垫墩随之内陷，致使锚索松弛失效。

此类失效是可修复的，即拆除封头重新张拉，如丹巴后山滑坡，垫墩底面积 $1\,m^2$，应力水平高达 750 kPa，试验张拉时垫墩就明显下陷。

（4）爆破松动。

当离锚索较近处实施爆破作业时，爆破震动会使锚头的夹片从锚具中滑出，锚具飞弹，锚索失效，如宝成铁路复线明月峡滑坡，实施预应力锚索加固山体后，再爆破掘进隧洞，致使洞壁处锚索的锚具弹掉，索体内缩[30]。

此类失效是可修复的，即重新安装锚具后重新张拉。

（5）修复性张拉。

只要钢绞线有一定的余长，锚索失效后用单股张拉机重新张拉，修复锚索是可行的。此时要单股地对称张拉，类似于紧固汽车轮胎的顺序。

2.4.4 工程实例：南昆铁路八渡车站巨型滑坡的综合整治[27]

2.4.4.1 工程概况

该滑坡位于南盘江北岸贵州一侧，原系一稳定的古滑坡堆积体。大规模兴修八渡车站的剧烈工程活动和之前数年的较多降雨，诱使古滑坡于1997年全面复活。滑坡体的范围为400 m×560 m，滑动面深30~40 m，体积420万 m³。滑坡松散、富水，中上部为可塑状块碎石土，下部为碎块石带。基岩为砂泥岩，属断层破碎带和影响带。

由于该滑坡巨大，滑体深厚、松碎、富水，通车在即，故采用综合整治方案，以预应力锚索、锚索桩和排水盲洞为主体工程措施（图2.8）。在铁路上方设800 kN级锚索132根6 480 m，设计预应力共105 600 kN。铁路下方设两排抗滑桩，共113根

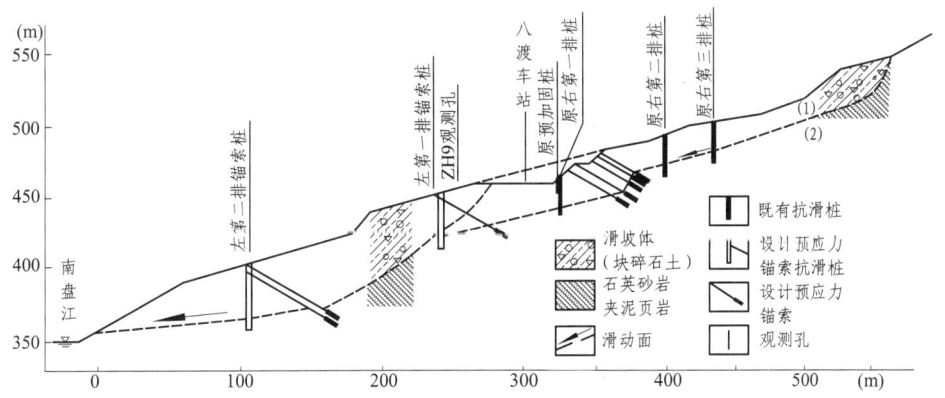

图 2.8 南昆铁路八渡车站巨型滑坡综合整治工程剖面图

4 642 m；桩上设 1～4 根锚索，共 231 根 14 215 m，单根最长 75 m；分 800 kN、1 600 kN 两级，锚索体分别由 6 束、12 束钢绞线构成。锚固段置于基岩破碎带中，长 10 m。

2.4.4.2　施工工艺

（1）造孔。

八渡车站滑坡松散、深厚、富水，钻进非常困难，锚索的造孔是关键工艺。本工点锚孔参数是孔深（50～75 m）、孔径（110 mm）和倾角（30°）。为保证孔深，采用了适当超钻和高风压洗孔的措施，并尽可能地跟管钻进。为保证孔径和孔壁清洁，采用了风动凿岩工艺，杜绝了泥浆护壁钻进；为保证孔位和倾角，要求定位和机架安放准确。

采用以下 3 种风动潜孔钻机造孔：瑞典 Atlas copco 型履带式钻机、长春 GZ-150 型钻机、无锡 MD-50 型钻机。

风动凿孔所配冲击器，除与瑞典钻机配套的 copco 型外，国产钻机均采用宣化英格索兰 DHD 高风压系列和 CIR 低风压系列。所配空压机主要为内燃型、中高风压型，以上海英格索兰系列为主。

（2）锚索制作与安装。

钢绞线采用江西新余新华金属制品厂生产的 ϕ15.24 mm 的高强度、低松弛钢绞线，抗拉强度为 1 860 MPa。内锚固段长 10 m，间隔安装扩张环和外箍环使之成节状，锚固段端头装导向锥。

自由段锚索体采用三层防腐措施：钢绞线除锈后涂防腐剂，套上聚乙烯管，再在聚乙烯管与孔壁间灌满水泥砂浆以隔水。内锚段与自由段间采用胶带缠绕，以防砂浆灌入聚乙烯管内。外锚固段预留 1.5～2.0 m，供套锚具和张拉之用。锚索体用人力插入锚孔。

本工点情况特殊，锚孔孔壁未采用护壁措施时易坍孔卡塞，使锚索体下不到孔底，严重时要另行造孔。此外，锚索长而重，又在陡坡或钻机上下锚,要特别重视安全问题。

(3)灌浆。

采用砂浆搅拌机和注浆泵,通过锚索体中的灌浆管自孔底一次性有压灌浆。灌浆前先用单根钢绞线插入灌浆管检查是否通畅,然后注清水清洗孔壁,再行灌浆。因缺河砂,故未灌注水泥砂浆,而是灌注纯水泥浆。采用42.5级普通硅酸盐水泥,水灰比1:0.45加1%早强减水剂配制。灌浆压力0.8 MPa,至浆液从孔口溢出。待浆液凝固收缩后,从孔口补灌满。

灌浆工艺应改进之处有:灌浆管采用ϕ18 mm,稍小易堵,宜改大;水灰比、灌浆压力掌握不太准,应自控化;纯水泥浆,成本比水泥砂浆高,因可能缩裂而效果稍差,故在有河砂时应尽量采用水泥砂浆。

(4)垫墩制作。

右侧预应力锚索的抑制件为C20钢筋混凝土垫墩,就地立模浇注,中部预留孔洞供锚索穿过,垫墩尺寸为1.8 m×1.8 m×0.6 m。

2号山头一级平台的坡面有浆砌片石护坡,垫墩与锚索未能垂直,影响锚索张拉受力,故又在垫墩上增设0.3 m×0.3 m的混凝土斜托,以使锚索与垫墩垂直。但斜托较小,张拉时易压破。

垫墩混凝土中加了早强剂,以缩短待张拉的时间。

(5)张拉与封头。

锚索设计预应力800 kN,右侧二次四级超张拉至930 kN,左侧桩上锚索二次三级张拉至500 kN,然后锁定。采用1 000 kN张拉机,6孔YM锚具,两块30 cm×30 cm×2 cm钢垫板,事先标定千斤顶。两级张拉间稳定10 min,两次张拉间歇1周以上。张拉时配套采用工具锚和限位板,测定锚索伸长值,以保证张拉效果。

为使各股钢绞线受力均匀,在第一次的各级张拉时,采用了YCL-22型千斤顶,进行逐股、对角张拉。此外,首级张拉前进行预张拉,拉直钢绞线以使伸长值真实。

为遏止右侧2号山头的剧烈位移,来不及做垫墩就采用大钢垫板进行了应急张拉，施加应力 200~400 kN，使下滑趋势得到有效控制。但正式张拉时拆除锚具相当困难。

末级张拉后即锁定。留一段钢绞线，截除多余长度后用 C15 混凝土封锚。

（6）拉拔试验与应力测试。

在右侧锚索，进行了 4 根试验锚索的拉拔和另 4 根锚索的应力测试，在左侧进行了 3 根试验锚索的拉拔试验。

右侧因孔内自流灌浆等原因，仅两根锚索拉拔试验成功。一根锚固段长 3 m、无自由段的试验锚索张拉至 850 kN 破坏，另一根锚固段长 3 m、自由段长 5 m 的试验锚索张拉至 1 000 kN 未破坏，说明长 3 m 的锚固段提供的锚固力即可达到设计的 800 kN。设计的锚固段长 10 m，安全储备是足够的。

左侧 3 根试验锚索均长 55 m，锚固段长 3 m、5 m、7 m。拉拔试验至 1 500 kN，其中 1 根未破坏，另两根拉断 1 股钢绞线。说明锚固力的安全系数高于钢绞线，锚固力满足要求。

对右侧另 4 根锚索安装了 GMS 测力计，通过 3 个月共 20 次测试，预应力从 930 kN 开始衰减但减速越来越慢，至 2 个月时已基本趋于稳定，预应力约衰减了 10%。预计预应力最终可稳定在 800 kN 上下，基本满足设计要求。

参考文献

[1] 水利部水利水电规划设计总院. 预应力锚固技术. 北京：中国水利水电出版社，2001.

[2] 冶金部建筑研究总院等. 预应力岩土锚固综合技术及其应用. 岩土工程界，2003（3）.

[3] 燕立群等. 压力分散型锚索与拉力型锚索的比较//岩土锚固及西部开发. 北京：人民交通出版社，2002.

[4] 王树仁等. 拉力集中型与压力分散型预应力锚索锚固机理. 北京科技大学学报, 2005（3）.

[5] 蒋忠信. 加固滑坡的预应力锚索技术. 山地研究, 1996（1）.

[6] 蒋楚生. 预应力锚索技术加固边坡（滑坡）设计及施工要点. 路基工程, 2001（5）.

[7] 赵德志. 松散介质预应力锚索加固机理研究. 成都：四川联合大学, 1997.

[8] 袁小梅. 边坡锚索的预应力损失估算. 路基工程, 1999（6）.

[9] 林华国等. 可回收斜后拉钢绞线基坑支护技术. 工程勘察, 2012（12）.

[10] 蒋忠信. 预应力锚索加固松散体滑坡的机理与实践. 铁道工程学报, 1999（1）.

[11] 顾金才等. 预应力锚索加固机理与设计计算方法研究//第八次全国岩石力学与工程学术大会论文集. 北京：科学出版社, 2004.

[12] 曾宪明等. 锚固类结构杆体临界锚固长度问题综合研究. 岩石力学与工程学报, 2009（S2）.

[13] 尤春安等. 预应力锚索锚固段的应力分布规律及分析. 岩石力学与工程学报, 2005（6）.

[14] 何思明. 预应力锚索作用机理研究. 成都：西南交通大学, 2004.

[15] 朱玉等. 确定预应力锚索锚固段长度的复合幂函数模型法. 武汉理工大学学报, 2005（8）.

[16] 向兵等. 拉力型锚索锚固段长度的一种确定方法. 交通标准化, 2009（13）.

[17] 蒋忠信. 拉力型锚索锚固段剪应力分布的高斯曲线模式. 岩土工程学报, 2001（6）.

[18] 芮瑞等. 压力分散型锚索非均匀剪应力设计方法. 岩土工程学报, 2012（7）.

[19] 周永江等. 预应力锚索的预应力损失机理研究. 岩土力学, 2006（8）.

[20] 蒋忠信. 宝成二线隧道滑坡与预应力锚索加固//铁路工程地质实例. 北京：中国铁道出版社, 2011.

[21] 陈宝林等. 预应力锚索加固宝成二线松散体滑坡问题探讨. 路基工程, 1999（2）.

[22] 蒋忠信. 预应力锚索最佳倾角的技术经济分析. 路基工程, 1995（5）.

[23] 铁道第二勘察设计院. TB 10025—2001 铁路路基支挡结构设计规范. 北京：中国铁道出版社, 2001.

[24] 程良奎等. 土层锚杆的几个力学问题//岩土锚固工程技术. 北京：人民交通出版社, 1996.

[25] 梁振宁等. 软土地区压力分散型锚索二次劈裂注浆锚固效果研究. 勘察科学技术, 2011（1）.

[26] 朱宝龙等. 土质边坡加固中预应力锚索框架内力分布的试验研究. 岩石力学与工程学报, 2005（4）.

[27] 蒋忠信. 八渡车站巨型滑坡加固预应力锚索施工技术//滑坡文集：第十四集. 北京：中国铁道出版社, 2000.

[28] 汪彦枢. 应用于复杂地层锚索孔施工的机具. 地质灾害与环境保护, 2000（2）.

[29] 杨启贵等. 对我国岩土预应力锚索防腐措施和标准的探讨. 岩土工程学报, 2007（10）.

[30] 蒋忠信等. 宝成二线加固隧道滑坡的预应力锚索施工. 铁道建筑技术, 2004（2）.

3 崩塌（危岩）治理工程设计

"5·12"汶川地震133个受灾县区诱发山体崩塌5 510处，灾害深重。例如北川县城乱石窖崩塌掩埋北川中学分校师生约600人；青川东河口山崩上千万立方米，致死600余人。

汶川地震诱发的崩塌，山体高陡，一般在百米以上，且规模巨大，可连绵上千米，因此其工程防治的难度很大，防治工程设计是一个新课题。

3.1 崩塌-危岩地质分析

3.1.1 崩塌坡体分带

由于地震波的地形放大效应，"5·12"汶川地震区高陡山坡普遍发生崩塌。崩塌坡体在纵向上可分以下3个带，典型时要分带进行治理。

（1）坡顶崩塌源。

此带岩土体在地震作用下失稳崩塌，震后残留危岩体、变形体，需进行原位加固或被动防护。

（2）中部基岩带。

坡顶崩塌体向下运动中，刮削坡面土体及基岩强风化层，使坡面基岩外露，并可形成少数危岩体、变形体。此带主要是坡面防护问题，辅以危岩体、变形体的防治。

（3）坡脚堆积体。

此带形如锥，可毗连成堆积裙，处于临界稳定状态，切脚时需进行支挡，并可能存在坡面滚石。

3.1.2 危岩稳定性分析

3.1.2.1 临界高度

有张裂隙的危岩，包括平顶边坡和直立边坡，其临界高度 H^* 可据卡尔曼式估计[1]：

$$H^* = H - z \tag{3.1}$$

式中　H——边坡的卡尔曼临界高度，按式（1.32）、（1.33）计算；

　　　z——垂直张裂隙的深度。

案例：四川宣汉县华景镇 way-1 危岩体，由 1 组走向近于与坡面平行的卸荷张裂隙控制其稳定性。计算参数如下：危岩高 10 m，坡度 $\theta = 85°$；顶平，崖顶以外 6 m 处发育的张裂缝垂直深度 $z = 3$ m；岩体 $\gamma = 25$ kN/m³，$c = 45$ kPa，$\varphi = 25°$。据式（1.32）与（3.1）得危岩临界高度：

$$H^* = H - 3.0 = 13.0 - 3.0 = 10.0 \text{ m}$$

H^* 与实际高度（10 m）相当，表明危岩处于极限稳定状态，加以整治是必要的[1]。

对柔性较大的层状岩质直立边坡溃屈型破坏的边坡临界高度 H（斜长，m）可试用以下理论公式估算[2]：

$$H = \left(\frac{\pi^2 \cdot E \cdot t^2}{A \cdot \gamma} \right)^{\frac{1}{3}} \tag{3.2}$$

式中　E、γ——岩体弹性模量（kPa）、容重（kN/m³）；

　　　t——岩层厚度（m）；

　　　A——参数，肖树芳式为 6，刘红岩式为 14.5。

3.1.2.2 定性与定量分析

（1）定性分析。

定性分析主要据反映结构面（岩层面、裂隙面、节理面）与坡面组合的赤平投影，可显示可能失稳的模式与失稳楔形体，包括顺坡向结构面缓于崖面时的滑移式失稳，顺坡向结构面陡于崖面时的倾倒式失稳和底部叠加缓倾坡外的结构面时的二折线形滑移失稳。但定性分析也有局限性：只能分析可能的失稳方式，不能评价失稳可能性的大小。

如达州某化工厂崩塌，崖壁高仅 4 m，顶平，下为平缓菜地，雨后厚不足 3 m 的岩体倾倒后翻滚半周，砸断近十米外的住宅楼底层房柱，引起各层预制楼板逐层坍塌，致死多人。现场见崩后崖顶以外 2 m 还有一条与崖面平行的隐蔽裂隙，专业人员也难以察觉。

（2）定量计算。

一般按滑移式、倾倒式、坠落式三种失稳模式进行稳定性检算。存在前后多个裂隙面时，主控面难确定，应按各个面试算，选出最危险裂隙面。

① 滑移式。

稳定系数：

$$K = \frac{(W\cos\alpha - Q\sin\alpha - V)\cdot\tan\varphi + c\cdot l}{W\sin\alpha + Q\cos\alpha} \quad (3.3)$$

式中 W——危岩体自重（kN/m）；

α——滑面倾角（°）；

Q——地震力（kN/m），$Q = \xi W$，ξ 为地震水平系数；

V——裂隙水压力（kN/m），$V = 0.5 h_w^2$，h_w 为裂隙充水高度（m）；

c、φ——滑面黏聚力（kPa）与内摩擦角（°），后缘裂缝未张开段的 c、φ 值按岩石标准值折减，重庆的折减系数分别为 0.4、0.95[3]；

l——滑面长（m）。

② 倾倒式。

一般由后缘裂隙水压力促倒，由底部岩体抗拉强度控制。

稳定系数：

$$K=\frac{\frac{1}{3}f\cdot b^2+W\cdot a}{Q\cdot h_0+V\left(\frac{1}{3}\times\frac{h_w}{\sin\beta}+b\cdot\cos\beta\right)} \quad （3.4）$$

式中　f——危岩体抗拉强度（kPa），按岩石标准值折减，重庆的折减系数为 0.4[3]，铁路的折减系数＝岩体抗压强度/岩石抗压强度；

　　　b——后缘裂缝下端点至倾覆点的水平距离（m）；

　　　a、h_0——危岩体重心至倾覆点的水平距离、垂直距离（m）；

　　　β——后缘裂缝倾角（°）。

当后缘裂缝未全张开时，式（3.4）分子还应增加未张开段的抗拉强度形成的抗倾力矩。式（3.4）基于底部岩体抗拉力成三角形分布，所得 K 值偏小。

③ 坠落式。

对挑悬式危岩，稳定系数取以下两式的小值。

$$K=\frac{c\cdot(H-h)-Q\cdot\tan\varphi}{W} \quad （3.5）$$

$$K=\frac{\zeta\cdot f\cdot(H-h)^2}{W\cdot a_0+Q\cdot b_0} \quad （3.6）$$

式中　h、H——后缘裂缝贯通深度、贯通段加未贯通段的总深度（m）；

　　　ζ——危岩抗弯力矩计算系数，重庆取 1/12～1/6（矩形潜在破裂面取 1/6）[3]；

　　　a_0、b_0——危岩体重心至潜在破裂面的水平距离、垂直距离（m）。

式（3.5）似滑移模式，式（3.6）似倾倒模式，均未考虑裂隙水压力。如后缘裂隙不垂直，裂隙水压力总会产生顺裂隙面向下的分力，两式就偏于不安全。

（3）稳定性定量计算的难点。

① 现 3 种失稳的计算模式是将三维问题简化为二维，只适用于失稳结构面与坡面在空间上近于完全平行的特殊情况。现多按最不利剖面进行检算，结果偏于保守。

② 一些参数难以确定。

受勘察所限，裂缝深度及充水深度难确定。裂缝深度在无侧视条件时多凭宏观结构特征进行假设；充水深度多据裂缝贯通性按 1/2～2/3 选值。而且经室内试验显示[4]，裂隙水压力不等于静水压力，仅为静水压力的 1/2～3/4，折减系数与裂隙的张开度有关。原理上，裂隙水压力源于裂隙中的水体质量，按充水深度平方值的一半计为裂隙水压力，则充水顶面处裂隙的宽度要等于充水深度，显然难以达到，折减是合理的。

限于取样试验，张开或充填的裂隙面的力学参数难选取，诸如抗剪强度指标、抗拉/抗折强度，按岩石试验值折减的系数仅凭经验。偏于保守，可采用结构面的试验参数。岩体结构面的抗剪强度参数还有倾角效应，强度参数随结构面倾角的增大而增大[5]。

限于经验，危岩抗弯力矩计算系数也难准确取值。

③ 对于楔形体失稳或折线形滑移，现有计算模式尚不适用。楔形体失稳应按三维空间计算，其计算模式不够成熟[6]。折线形滑移可借用滑坡检算方法，顺岩体在两倾斜平面交线方向进行计算[7]。

3.2　危岩主动治理工程设计

3.2.1　危岩主动治理工程措施

实施危岩主动治理要有施工条件和安全条件，对过于高陡的危岩和紧靠居民区的危岩要充分论证后择用。主体措施为岩体锚固和崖面防护（柔性防护网、喷锚、连梁），通用措施有清危、补缝及凹腔封顶。

此外，锁口工程、坡面障桩、地表截排水、外部支挡、坡面捆绑、抗滑桩（键）、洞室锚索等在特殊条件下也可成为主动治理工程措施选项[8]。

3.2.1.1 清危与补缝

此为通用措施。对挑悬、孤立、松动的危石用人工清除，并采用临时安全防护措施保障施工安全。囿于施工安全和爆破震动，慎用爆破清危。

爆破震动对坡体稳定的影响较大，20 世纪 60 年代风行的大爆破施工贻害无穷。爆破震动对坡体稳定的影响现尚无普适公式进行定量评价，可暂据成昆铁路现场试验成果（附录 3.1）试评。

如石棉某坡体落石，同时砸中在省道上相向行驶的一辆货车驾驶室与一辆中巴车，推动中巴车坠入大渡河，无一人幸存，两车共死亡十余人。落石原因曾认为，可能系水电站建设人员在其上方开挖绕坝公路时放炮震动。后专家经现场调研认为，早在落石发生前一个多月现场已停止施工放炮，且据落石与炮眼距离和装药量，按成昆铁路试验成果计算所得最大地面垂直振动速度在 1.5~5.0 cm/s 区间，仅会导致高陡边坡少量掉块，不会明显松动坡面危石，放炮震动不是发生落石的主要原因。

对张裂缝用水泥砂浆填补，尽量清缝并满灌。

3.2.1.2 锚　固

（1）设计原则。

用于加固较完整的危岩体，常用砂浆锚杆与预应力预固（锚索、锚杆）[9]。锚固工程要根据危岩的失稳模式按极限平衡理论进行设计计算[10]。锚点要随机布置于危岩块中，不能机械地按统一间距方格状系统布置，要避免布于危岩边部，更不能设于裂缝中或危岩块边缘甚至危岩体外，如加固青城山掷笔槽危岩的个别锚杆就打在危岩范围之外。

因锚固工程多与主控裂隙面大角度相交，对滑塌式失稳，非预应力锚杆主要靠杆体抗剪，作用有限；对倾倒式失稳，锚杆受力方向与杆向近于一致，可较充分地发挥锚固力的作用，因此防倾以选用普通锚杆为宜。

同理，预应力锚索（锚杆）则用以防滑塌式失稳为佳，长江三峡链子崖危岩加固就以预应力锚索为主[11]。但如式（2.1）所示，锚固力分解为垂直于滑面的正应力 σ 和平行于滑面但与下滑方向相反的抗滑分力 $P_t \cos(\alpha+\beta)$，正应力 σ 产生的抗滑摩阻力为 $\sigma \tan\varphi = P_t \sin(\alpha+\beta)\tan\varphi$，$(\alpha+\beta)$ 为锚固工程与滑面的夹角。此时因 $(\alpha+\beta)$ 接近 90°从而 $\sin(\alpha+\beta)$ 接近于 1，预应力主要分解为正应力，以 $\sigma\tan\varphi$ 起抗滑作用；另一方面，$\cos(\alpha+\beta)$ 接近于 0，分解的抗滑分力很小。由于 $\tan\varphi$ 远小于 1.0，预应力锚固工程索加固滑塌式危岩也有事倍功半之感。

危岩锚固的锚固段起算点的确定原则：卸荷带明显时，为最后的卸荷裂隙；坡体破碎时，为潜在破裂面；后缘裂隙面明显时，为后缘裂隙面。存在多个裂隙面时，不能仅按贯通（最危险）裂隙面设计，要考虑拉拔力对后一裂隙面稳定的影响，加大锚固深度。

（2）施工问题。

锚固多需搭脚手架施工，过高陡处可搭于挑梁式锚杆上，必要时下加斜撑。如内昆铁路李子沟大桥，要在高近百米、陡达 70°的边坡中上部施工预应力锚固工程。从坡底搭脚手架不但规模过大，也挤占桥梁施工场地，遂采用人工在陡壁上钻安锚杆与斜撑，用以挑起钻机平台。

施工中锚固深度应视打孔揭示的结构面而动态调整。如达州龙爪塔危岩，勘查中在崖顶平台上开挖的两条各长 30 m 的探槽揭示出卸荷裂隙，据此厘定锚固段长度。但锚孔施工中普遍发现，在该卸荷裂隙之后 4 m 还有一条卸荷裂隙，只得将各锚固工程均增长 4 m。

3.2.1.3 防 护

用于防护较破碎危岩体（面）的措施有 SNS 主动网、喷锚、连梁等。

其中，短锚杆挂网喷射混凝土（喷锚）破坏植被，造成坡面光秃，有碍观瞻，应该慎用。

连梁或格架中空，对景观影响较小，可将裂缝两侧岩体连为整体；梁体采用钢筋混凝土，不要过于粗大，节点处打锚杆；崖面不平整时梁体难以平直，应该慎用。

SNS 主动柔性防护网[12]对环境改变小，单价较低，宜用，参见 3.4.2。

常用双层网＋系统钢丝绳锚杆的 GPS2 型，其塑料内网孔径仅 5 cm，但其系统锚杆仅长 2~3 m，危岩较厚时锚不透，此时应选用另配长锚杆的 SPIDER 型。

危岩壁无施工空间时，挂 GAR 型（柔性网＋上沿锚杆）围护系统即可。

为与环境协调，网材还可选用绿网（NACOO 环保型）。

主动防护网的力学原理是危岩落石冲击网体，网体将力传与锚杆，由锚杆稳固网体，因此锚杆必须压于网之上才能受力。在青城山顶危岩，将网罩于锚杆之上，根本不起作用，需重新整改。

3.2.1.4 支 顶

对崖脚或崖面凹腔进行嵌补支顶的措施有墙、立柱、挑梁等，

3 崩塌（危岩）治理工程设计

可防凹腔进一步风化剥落，还可防探头危岩坠落、滑塌。支顶后，危岩可能失稳模式一般会由坠落、滑塌转化为倾倒，但此时抗倾倒的抗倾力矩大增，不易失稳。

崖脚凹腔风化严重者用整体圬工墙嵌补支顶（图3.1），凹腔过于深大者为减小工程可采用分散式立柱支顶（图3.2），较高时墙、柱上可加锚杆防倾；墙顶要与其上岩体用膨胀水泥砂浆密贴，墙底可内倾或凿成阶状，墙面坡可适当外斜。

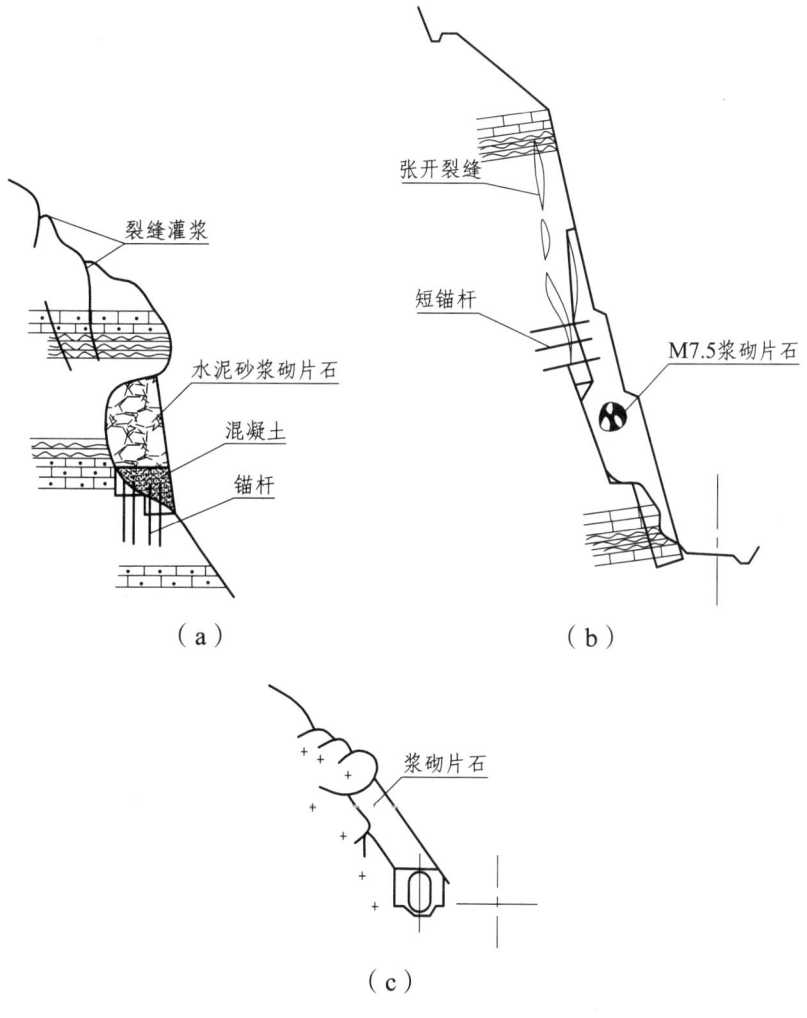

图 3.1 嵌补支顶墙[13]

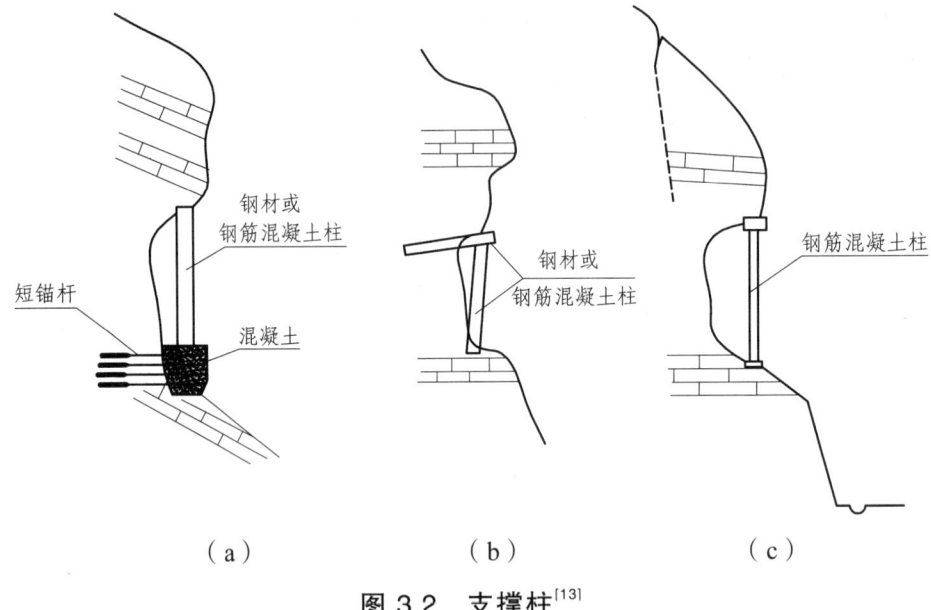

(a)　　　　　(b)　　　　　(c)

图 3.2　支撑柱[13]

例如，宣汉华景镇一危岩凹腔内塑神成庙，香火甚旺，不可能用全墙封顶，改在各神像之间设肋墙，似将连排神像隔为若干单座，颇得香客赞许。

崖面凹腔过高难以用墙、柱支顶时，可改用钢筋混凝土挑梁支顶（图3.3）。挑梁多根成排，据抗剪确定梁的截面尺寸、锚入崖面深度与配筋；梁面与其上外悬岩体用圬工密接，崖面不平顺时可不上叠支承托梁。有施工条件时采用挑梁支顶，事半功倍。

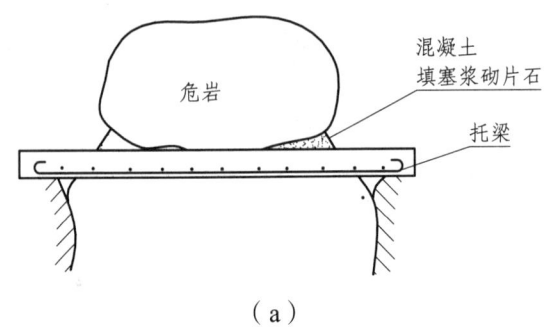

（a）

3 崩塌（危岩）治理工程设计

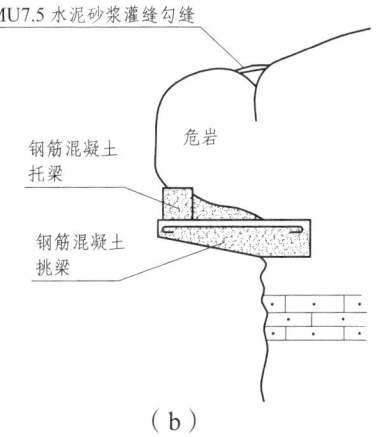

（b）

图 3.3　支承托梁[13]

例如达州龙爪塔危岩有高 20 多米的凹腔，其上危岩体悬出 2 m，竖向支顶过高，改设一排横向挑梁支托，钢筋混凝土梁长仅 4 m，截面为边长 1.0 m 的正方形，工程量小，但在岩壁上凿深 2 m 的梁孔较艰难。

3.2.1.5　锁口与障桩

对可能发生滑移式失稳的危岩，可在潜在滑移面出口端设支承键、楔，锁口防滑（图 3.4）；也可用型钢、钢筋混凝土桩插别于剪出口崖面，抗剪防滑（图 3.5）。

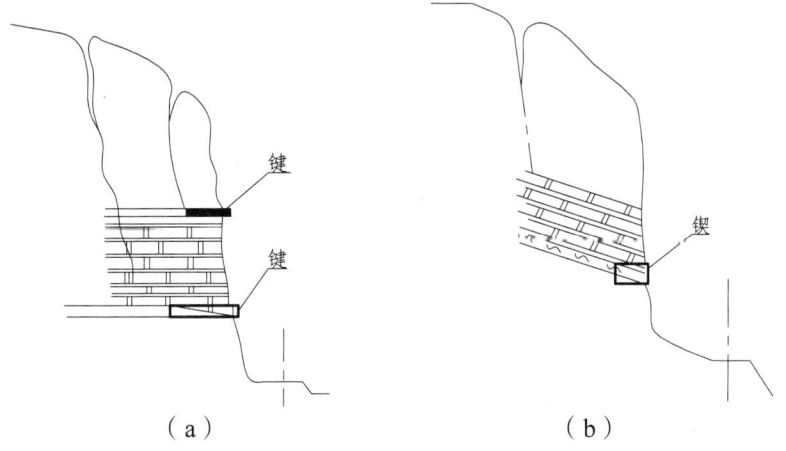

（a）　　　　　　　　　　（b）

图 3.4　支承键、楔[13]

109

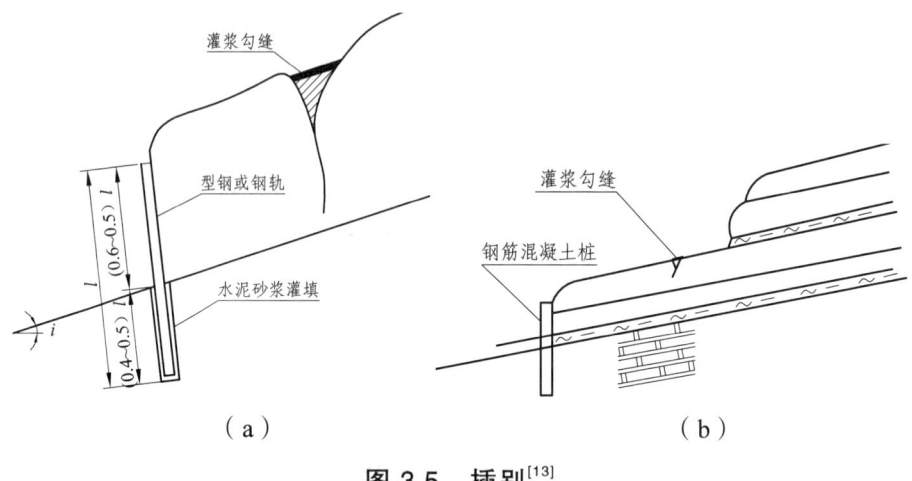

图 3.5 插别[13]

在落石途经的坡面上，可设障桩拦石与消能（图 3.6）。障桩可采用工字钢与钢轨，也可用钢筋混凝土桩，如什邡将军岩危岩设计了钢筋混凝土障桩。

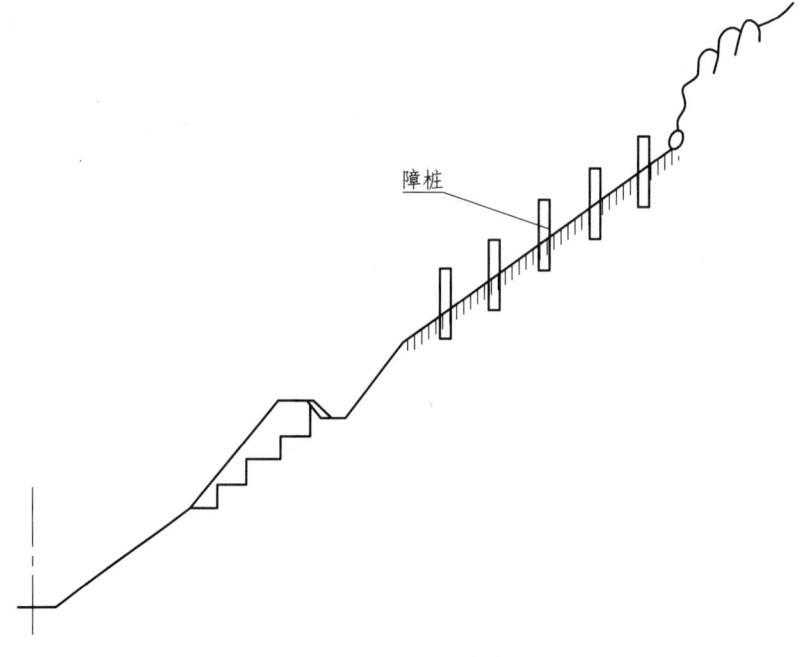

图 3.6 障桩[13]

3.2.2　主动加固后危岩稳定性计算问题

（1）补缝后裂缝深度、裂隙面抗剪强度、充水高度均有变化，但难以确定，仍按原参数检算，结果趋于安全。

（2）据经验拟定有效锚固段长度后，根据加固危岩体所需总的锚固力和单根锚杆（索）所能提供的锚固力来计算所需锚固工程的数量，进而在合理间距范围内布列。

不能先拟定出锚固工程的间距和数量，然后检算，只要检算锚固力通得过，即使大大超过所需锚固力、安全系数过高也不优化。此时应优化结构后重新检算，安全系数满足要求即可。

（3）凹腔支顶后，抗滑检算要考虑支顶圬工的抗滑力，一般不可能再从支顶圬工中或圬工底面剪出，从而转化为倾倒失稳问题，再以支顶圬工为基座检算倾倒失稳。

抗倾力臂要从墙趾点起算，较支顶前大有增长；倾覆力臂也要从墙趾点起算，较支顶前小有增长。综合起来，抗倾稳定性仍有较大提高。

3.3　危岩落石被动防护工程设计

3.3.1　危岩落石被动防护工程措施

落石被动防护要有空间条件，被动防护工程多设于远离陡崖的缓坡区，工程措施应做拦石墙与拦石网的技术经济比选。

工程布设范围应略超过落石危险区内被保护对象的范围，平面上尽量顺等高线布设，对不同剖面可阶状错列。

按各剖面不同的落石运动力学参数确定拦石工程高度、结构或型号，进行结构检算。

3.3.1.1 拦石墙-落石槽

该措施适于在坡度不大于30°的坡段兴建,由圬工拦石墙(+缓冲层)及其后的落石槽组成拦石体系(图3.7)[14]。

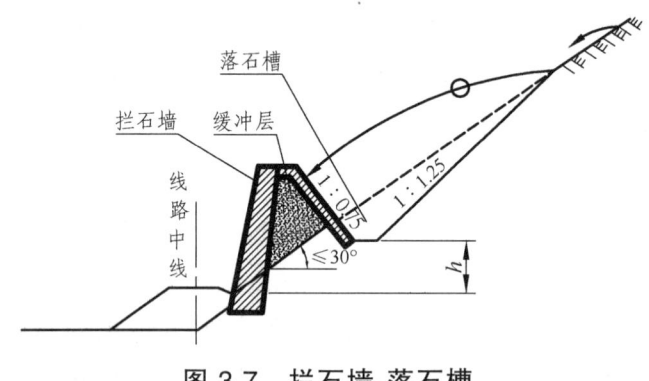

图3.7 拦石墙-落石槽

拦石墙按静载与冲击力两种工况进行抗滑抗倾检算。静荷载按墙后填满且堆积角为20°的土压力进行计算;冲击力荷载按附录3.2计算,冲击荷载按35°扩散角折算。

墙的有效高度即落石槽深度,可按落石最大弹跳高度加安全高0.5~1.0 m确定,落石槽底宽可按与落石最大弹跳相应的弹跳水平距离之一半确定[13]。

墙内坡(槽外坡)应较陡并设土质缓冲层以拦石,坡率可用1:0.75,坡面用片石铺砌或土工织物加固。槽内坡应较缓以便落石滚入,兼作排水沟时槽底部可铺砌。墙较高时自重大,建于较陡坡体上时易失稳,慎用。墙高度不够时可在墙顶加柔性被动防护网。此时墙的抗滑检算要按墙后库仑土压力与网上冲击力之和进行,抗倾检算要按作力点低的土压力倾覆力矩与冲击点高的冲击力倾覆力矩之和进行。

不同墙高的墙体应分别检算墙体尺寸,其顶面要顺接而不呈阶状;缓冲层厚度应大于冲击深度,以往的经验值如表3.1所列,但似偏于保守。冲击深度可按式(3.17)计算;墙所受冲击力应考虑冲击缓冲层的能耗折减，但其计算尚在探讨中，如何思明等推导了落石冲击垫层产生塑性变形后的法向压力的理论公式[15]。

表 3.1 土质缓冲层最小厚度 h 经验值[14]

落石体积（m^3）	0.25	0.50	0.75	1.00
h 值（m）	1.5	1.75~2.0	2.0~2.25	2.25~2.5

落石槽不应在墙后深挖形成，也不应过多向坡体扩宽，顺应原地面适当清挖即可；墙的有效高度按槽底起算，不能按墙前的高度计。

土质缓冲层应压实且护坡可靠，不能坍塌堵槽甚至被复垦。槽的内坡不能开挖过陡，以免坍塌淤槽。如北川一些缓冲层坍塌后，当地村民进一步平整，并种上豌豆苗，落石槽被填埋过半。

兼纵向排水的槽底部要形成通畅排水纵坡，可单面或双面排水，但不能起伏不平而积水。槽端应另设排水沟渠，以免槽水散流淹淤农田。如北川张口崖等危岩的落石槽两端排水冲淤至其下菜地，虽范围不大，但涉农无小事，施工单位进行赔偿又自费修排水沟接至农渠。

拦石墙-落石槽的优点是可就地取材、易于施工，且有利于当地村民投劳；缺点是占地多、有效高度小。

3.3.1.2 SNS 柔性被动防护网[12]

在坡面甚陡、建拦石墙不易时，则选用柔性被动防护网。

定型网高 3~7 m，钢柱间距一般 10 m，按拦截接近已落的最大块径落石确定能级，常用 RX 与 RXI 型系统。

RX 型菱形网，其能级最大仅 750 kJ（RX-075 型），不能拦阻高大危石。近年开发出高能级的 RXI 型环形网，网环可在受冲击时产生张拉变形而吸收能量，与减压环配合而实现高能级拦截，现国产能级达 3 000 kJ（RXI-300 型）。环形网与减压环消能后，传递到立柱的力不大，拉锚并不困难，参见 3.4.4。

此网为布鲁克公司开发并有专利，应按正规公司单价编制概预算。现山寨公司众多,其环形网与减压环的消能不足,又难于检测,致使竣工后网被击穿或立柱被击倒,损毁普遍。

3.3.1.3 明(棚)洞[16]

当崖面过陡连设被动防护网也困难时,可对有高差条件的崖下线形工程使用明(棚)洞遮挡,**如正建的茂汶路茂县白岩子崩塌段和都江堰市虹口公路危岩段**。崩塌物多而频繁时,可采用框架棚洞;外侧设基础有困难时,可采用钢筋混凝土悬臂式棚洞。防更高大落石并兼抗滑时,可设明洞(图3.8)。

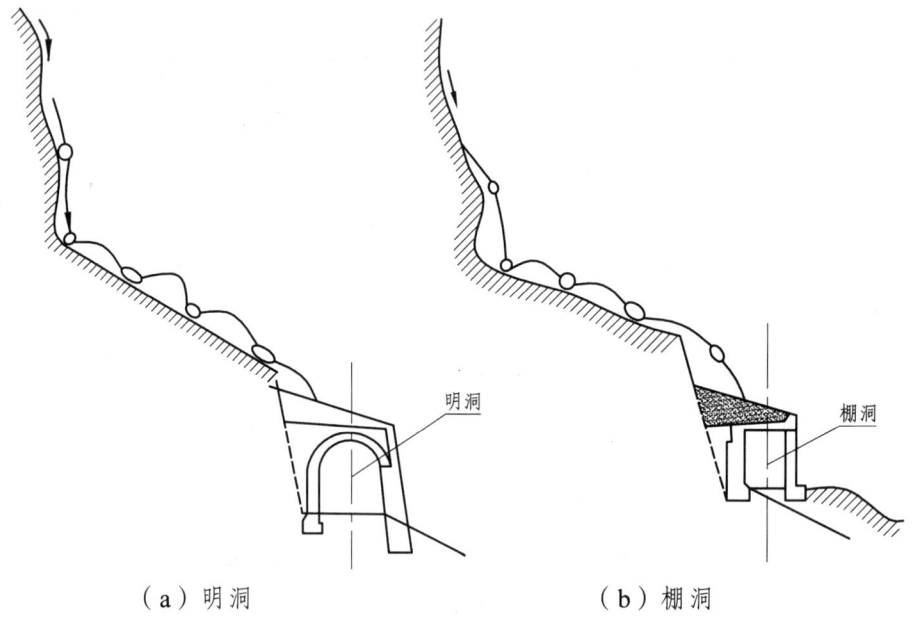

(a)明洞　　　　　　　　(b)棚洞

图 3.8　防止危岩落石的明洞与棚洞[13]

洞的地基要牢固,尤其是明洞外边墙应力集中,更应置于坚实地基上。明(棚)洞的设计与计算按隧道规范执行。

例如,什邡将军岩危岩规模巨大,频繁落石使其下公路的车辆行人时有伤亡,因难以主动加固危岩体,为保护其下马槽滩段公路安全通行,修建了两座共长 272 m 的公路明洞,并经受了

"5·12"汶川地震的考验,震下的块径 3m 以上的巨石也未对明洞主体造成损害。地震致崩塌堵河后,堰塞湖水从明洞顺畅泄流。

除明洞与棚洞之外,还可在上方崖面修建檐式挡墙对下遮挡,如图 3.9 所示。

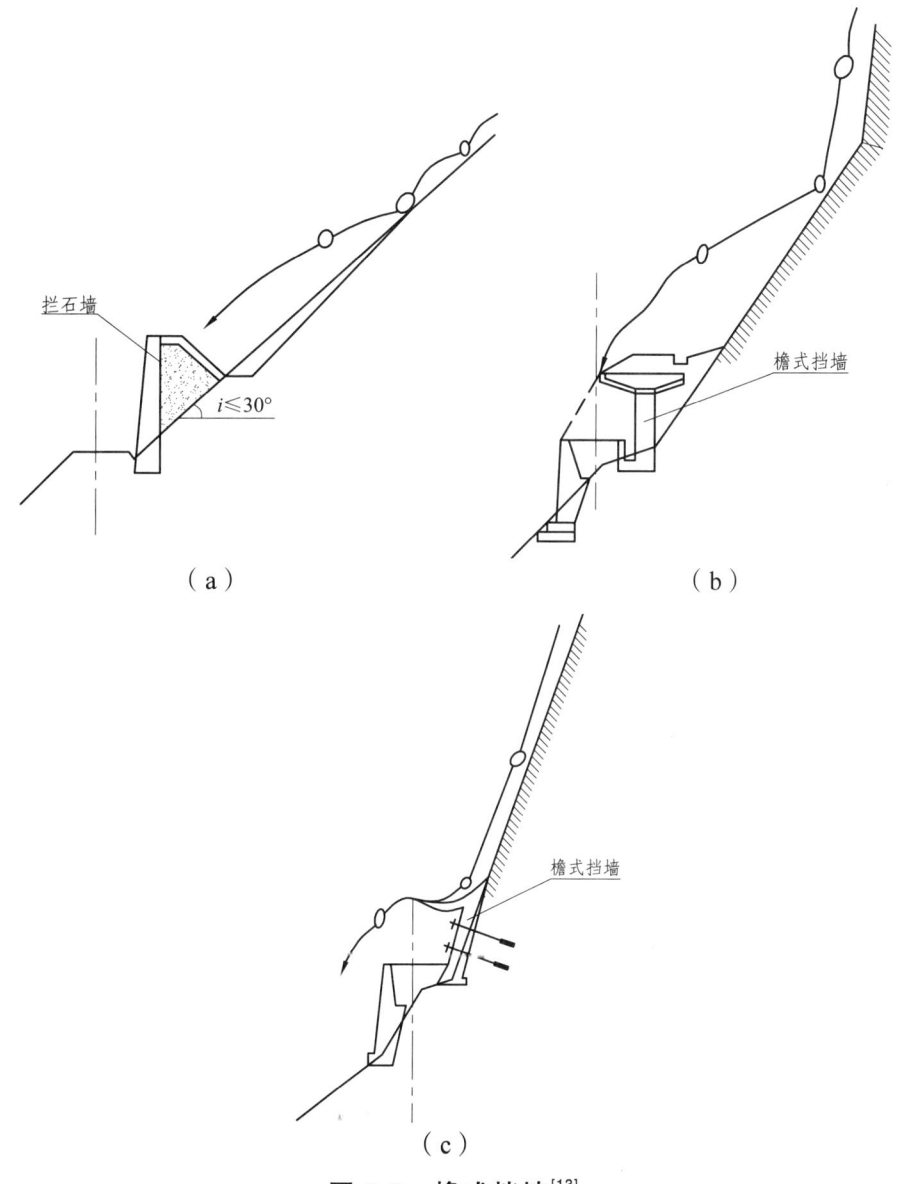

图 3.9 檐式挡墙[13]

汶川地震后，何思明等[15]研发了新型耗能减震棚洞，在梁下设耗能减震器代替洞顶土质缓冲层，工程较简易，但防冲效果尚待检验；还以国道 213 线映汶段为依托，开发了新钢结构棚洞，在土层与面板间添加 EPS 泡沫材料，减小了结构的应力与应变。

棚洞落石的垂直坠击力 P（kN）可按日本道路协会推荐的公式（3.7）计算：

$$P = 2.108(mg)^{\frac{2}{3}} \cdot \lambda^{\frac{2}{5}} \cdot H^{\frac{3}{5}} \tag{3.7}$$

式中　m——落石质量（t）；

　　　λ——拉姆常数，一般取 10^3 kN/m^2；

　　　H——落石下落高度（m）。

3.3.2　落石计算问题

被动防护工程设置的位置、高度、结构与能级根据落石范围、弹跳高度和冲击能、冲击力确定。

由于弹跳点坡度、下垫面性质和落石碎裂等因素难以确定，滑动、滚动、转动、跳跃等运动方式并存，因而落石范围、弹跳高度、速度和冲击能、冲击力的计算公式虽较多[17]，但尚不成熟，结果差异甚大。

同时，落石运动轨迹似一混沌系统，第一个弹跳点特征的变化将造成后续运动轨迹的巨大变化，进行确定性计算是不可能的，简化条件进行近似计算仍是合适的。

建议落石速度 v 按 H. M. 罗依尼什维里经验公式计算，进而按 $E = (0.5 \sim 0.6) mv^2$ 估算冲击能；冲击力 P 和冲击深 z 可按铁路或公路公式估算[18]；弹跳高度可按以末速度 v 和坡度 i 为自变量的有关公式估算，参见附录 3.2。

对拦石墙，其落石槽开挖的内边坡会陡于自然坡面且一般均陡于滚动与弹跳的界限坡度 28°20′（1∶1.85），故设计拦石墙高度和落石槽宽度时所依据的落石弹跳高度与相应水平距离，应按从落石槽内边坡上弹跳点进行计算。

勘查中，已崩塌区的落石范围可据现场调查确定；有条件时弹跳高度可通过现场落石试验确定；冲击能可据自由落体计算后加以折减而简易估算，黄润秋等现场试验所得折减系数为1/15～5/12，平均为0.185[19]。

成昆铁路曾在金沙江右岸进行了3处78次落石试验，得到了落石运动的方式序列和力学参数[20]。

3.4 地质灾害柔性防护技术[12]

3.4.1 柔性防护技术的发展与应用

（1）柔性防护技术的发展。

柔性防护技术于1951年试用于雪崩防护，经瑞士布鲁克（Brugg）公司等50多年的发展，被动防护系统的能级从50 kJ发展到了5 000 kJ；柔性网从钢丝绳网发展到高防腐的高强度钢丝格栅网；网型由矩形、菱形发展到环形。布鲁克公司发明了新型环状缓冲装置——减压环和钢丝绳锚杆系统，开发了环保型网。

（2）柔性防护技术的应用。

① 雪崩防护：应用TECCO格栅，防护能级1 000 kJ以上，防护规模500 m² 以上。

② 落石防护：开发了"缓冲绳"，防护能级达5 000 kJ。

③ 泥石流防护：美国于1994年试用，2002年布鲁克（日本）公司开发出Tabata泥石流防护系统。

④ 边坡加固：TECCO主动防护系统防腐年限在100年以上。国内于1995年引进，后制定了《SNS边坡柔性防护系统设

计、施工、验收暂行办法》和行业标准《铁路沿线斜坡柔性安全防护网》(TB/T 3089—2004)。

(3) 柔性防护技术的优点。

① 具可靠性与经济性；

② 具柔性与整体性，且便于搬运；

③ 易铺展、易组合，有良好的地形适应性；

④ 既美观且环保；

⑤ 施工快速方便，干扰小；

⑥ 产品易标准化与定型化；

⑦ 结构均衡，易维护。

3.4.2　SNS 被动防护系统

(1) 拦截落石，设于坡脚挡墙上或较平坦处。

(2) 常用 RX 与 RXI 型系统；网外仰，由钢柱+支撑绳+拉锚系统+钢丝绳网(RX)/环形网(RXI)+缝合绳+减压环组成。环形网与减压环均能消能。1 个减压环最小吸能可达 110 kJ。

(3) RX(WICCO)型为菱形网，分 250 kJ、500 kJ、750 kJ 等 3 个能级，即 RX-025、RX-050、RX-075 三型，用于低能级拦截，落石速度限于 25 m/s；菱形边长分别为 250 mm、200 mm、150 mm。钢丝绳网的绳径为 8 mm，抗拉强度 1 770 MPa。

近年正规材料价分别约 410 元/m²、550 元/m²、800 元/m²，施工价另为材料价的 50%~80%、50%~70%、40%~60%。

(4) RXI(ROCOO)型为环形网，为替代 RX 的新型产品，高、低能级拦截均适用，落石速度限于 30 m/s。国产达 3 000 kJ 能级，国外已开发出 5 000 kJ 能级。

常用低能级为 RXI-025、RXI-050、RXI-075 型，材料价同 RX 型。常用高能级为 RXI-100、RXI-150、RXI-200 型，近年正

规材料价分别约 960 元/m²、1 180 元/m²、1 520 元/m²，施工价另为材料价的 30%～55%。

（5）RXI 环形网，受冲击时能产生张拉变形而吸收能量，极限变形量达 10%，与减压环配合而实现高能级拦截。

（6）设计参数：网高 3～7 m，钢柱间距 8～10 m（一般 10 m），按拦 99% 落石确定能级，布设范围应超过落石危及范围 10 m。

此外，高强被动柔性防护网可作为新型钢绳网坝用以拦阻泥石流，美国于 1994 年试用，2002 年布鲁克（日本）公司开发出 Tabata 泥石流防护系统。现限用于沟宽度 $b<30$ m、最大流速 5～6 m/s 的中小型泥石流沟。

3.4.3 SNS 主动防护系统

（1）用于原位拦固危岩与加固岩土质边坡，有 WICOO 系统、GTC 系统、SPIDER 系统和 NACOO 系统。

（2）WICOO 系统。

较早采用的是 WICOO 系统，分围护系统 GAR（柔性网＋上沿锚杆）和主动加固系统 GPS（柔性网＋系统锚杆）。网形又分钢丝绳网（1 型）与钢丝绳网＋格栅（2 型），组合成 4 型：GAR1、GAR2、GPS1、GPS2 型。可喷草籽的 GPS 网为 GPS3 型[21]。

近年正规材料价分别约 122 元/m²、130 元/m²、142 元/m²、150 元/m²，施工价另为材料价的 40%～80%。

WICOO 系统的钢丝绳网网孔为边长 300 mm 的正菱形，网块尺寸为 4 m×4 m，边部为 4 m×2 m；挂网单元尺寸为 4.5 m×4.5 m，边部为 4.5 m×2.5 m。格栅孔径≤50 mm，拦固更小岩块。

（3）GTC 主动防护系统。

由 TECCO 格栅＋钢筋锚杆＋钢垫板构成，格栅强度高达 1 500 MPa，孔径 65 mm，锚杆预张拉，尤其适用于加固土质边坡。

（4）SPIDER 系统。

新近开发的 SPIDER 系统防护能级高，由螺旋网片＋系统锚杆＋钢垫板构成，网孔小、强度高（1 770 MPa），适用于加固危岩与岩质边坡。

（5）NACOO 环保网系统。

该系统是在 WICOO 系统的基础上，将网涂成绿、蓝等色，以与环境协调。与 WICOO 系相应，仍分 4 型：GNS1、GNS2、GND1、GND2，价格亦与 WICOO 系统相近。

3.5　中下部崩塌防治工程措施

3.5.1　中部基岩风化带的防治措施

除按上述措施防治局部危岩体外，主要是防进一步风化剥落与坡面冲刷，即进行坡面防护。

常用的全封闭工程措施挂网喷混凝土锚固（喷锚护坡），会破坏坡面植被，与环境不协调。

常用的非封闭工程措施框架（或框架锚杆）护坡，必须与框架中植草相结合，而岩质坡面植草很难成活。采用 NACOO 型绿色主动柔性网对坡面加以罩护，相对前两种措施较宜。

岩质坡面的生物防护措施只有厚层有机基材植草技术方可适用，要结合岩质、气候、坡度选择基材，且费用高，又未经较长时段的成活检验。

此外，在高陡坡面上，工程施工的难度很大，方案研究时要强调施工的可行性。

3.5.2 下部堆积体的拦挡措施

常用工程类型有路堑重力式挡土墙、桩板墙、加筋土挡土墙。

堆积体较密实且较低，易开挖基槽和临时边坡时，宜用路堑重力式挡土墙。为减少挖基量与临时边坡高度，最好是内坡外仰，呈贴坡墙，不用衡重式墙型。

堆积体松散且高大，挖基困难且临时边坡高大时，宜用桩板结构。会继续堆积因而墙要不断加高时，宜用可逐级加高的拼装式加筋土挡土墙。

有空间条件时，工程位置以离开堆积体坡脚为好，以降低墙高，并减少开挖临时边坡的工程量。墙后回填成平台，可拦截坡面滚落物质，并可栽种灌木形成垂直绿化带。

新近堆积体松散，临时边坡在回填前要稳定，坡率仅可稍陡于堆积体面坡。墙基要跳槽开挖，避免基坑坍塌。

附录3.1 成昆铁路爆破震动现场试验成果[22]

附3.1.1 确定地面振动最大速度 v

地面振动最大速度（cm/s）：

$$v = k \cdot \left(\frac{Q^{\frac{1}{3}}}{r} \right)^{\alpha} \tag{3.8}$$

式中 Q——一次爆破最大装药量（kg）；

r——测点与爆源的距离（m）；

k、α——与地质条件有关的系数，一般 $k=20\sim400$，$\alpha=1.0\sim2.0$。$v_{垂}$的试验值为：石灰岩地面 $k=152$，$\alpha=1.3$；风化破碎砂页岩 $k=120$，$\alpha=1.5$。此外，k、α 取值还应考虑爆破振动的高程效应而进行修正[23]。

附 3.1.2 爆破影响的判据

选用最大地面垂直振动速度 $v_垂$ 作为衡量破坏程度的判据，爆破地震最大地面垂直振动速度与震害情况的对照如表 3.2[22]所列。

表 3.2 爆破地震最大地面垂直振动速度与震害情况对照表

$v_垂$ (cm/s)	地面破坏情况			建筑物破坏情况
	砂土碎石土砾石土	破碎岩层	完整岩层	
1.5~5.0	高陡边坡少量掉块			
5~10	陡坎堆积层小裂缝	坑道松帮落石		干砌矮墙片石错动
10~20	砂土弃渣开始溜坍	临空面原裂缝微张		干砌片石垛局部坍塌，砖墙开裂
20~35	碎石土田坎坍塌	坑道松石较多震落，拐角少量坍方		块石堆砌堤坝坍落，浆砌卵石松动，浆砌抹面裂纹
35~55	缓坡块石移动，地表开裂（长2~3 m，宽<5 mm）	层面节理面微张或错动		砖砌炉灶、烟囱大量损坏
55~80	地面产生大裂缝（长>10 m，宽>5 cm，可见深度2~2.5 m）	大块岩体沿大裂隙崩落		建筑物严重破坏，砖墙局部震倒，房屋结构变形，竹泥巴墙歪倒
80~110		层理节理面错动或张开，基岩面现新裂缝，原裂缝压缩		
>110		进入爆破漏斗范围		

附录 3.2　落石运动力学参数计算

附 3.2.1　落石冲击速度计算

附 3.2.1.1　直线形坡或折线形坡的首段[13]

落石冲击速度 v_1 按式（3.9）计算：

$$v_1 = \beta\sqrt{2gH_1} \tag{3.9}$$

$$\beta = \sqrt{1 - K\cot\alpha_1} \tag{3.10}$$

式中 H_1——落石高度（m）；

α_1——山坡坡度角（°）；

K——滚动阻力系数，插曲线图得，近似可按表 3.3 计算。

表 3.3 滚动阻力系数 K 的 H. M. 罗依尼什维里经验公式[13]

坡段	山坡坡度（α）	K 值计算公式
减速带	0°～28°20′	$K = 0.41 + 0.0043\alpha$
加速带	28°20′～60°	$K = 0.543 - 0.0048\alpha + 0.000162\alpha^2$
撞击坠落带	60°～90°	$K = 1.05 - 0.0125\alpha + 0.0000025\alpha^2$

当 $K\cot\alpha_1 = 1$ 时，$\beta = 0$，此时 $\alpha_1 = 28°20′$，故 $\alpha_1 < 28°20′$ 时落石作减速运动；当 $\alpha_1 = 28°20′～60°$ 时，落石作加速运动；当 $\alpha_1 > 60°$ 时，落石自由坠落。

附 3.2.1.2 折线形坡其余坡段

落石冲击速度 v_j 按式（3.11）和（3.12）计算[13]：

$$v_j = \sqrt{v_{0j}^2 + 2g \cdot H_j(1 - K_j \cot\alpha_j)} \tag{3.11}$$

$$v_{0j} = (1 - \lambda) \cdot v_{j-1} \cdot \cos(\alpha_{j-1} - \alpha_j) \tag{3.12}$$

瞬间摩擦系数 λ 可按表 3.4 取值。

表 3.4 瞬间摩擦系数 λ 取值表

坡面覆盖物	基岩	密实岩块与堆积层	草皮	松散堆积层	浅埋基岩
λ	0.1	0.3	0.1	0.4	0.3

附 3.2.2 落石冲击力计算

拦石墙及其缓冲层和棚洞结构设计所采用的落石冲击力 P 可按以下两种途径计算。

附 3.2.2.1 铁路公式[16]

$$P = \frac{Q \cdot v_0}{g \cdot T} \quad (3.13)$$

式中　Q——落石重量（10 kN）；
　　　v_0——冲击速度（m/s）；
　　　g——重力加速度（取 9.81 m/s²）；
　　　T——冲击持续时间（s）。

T 按式（3.14）计算：

$$T = \frac{2h}{C} \quad (3.14)$$

式中　h——缓冲回填土计算厚度（m）。
　　　C——波速：

$$C = \sqrt{\frac{(1-\mu) \cdot \left(\frac{E}{\rho}\right)}{(1+\mu)(1-2\mu)}} \quad (3.15)$$

其中：μ——回填土泊松比；
　　　E——回填土弹性模量（kg/cm²）；
回填土密度 $\rho = \gamma/g$（γ——回填土容重）。

附 3.2.2.2 公路公式[24]

$$P = 2\gamma \cdot X \cdot F \cdot \left[2\tan^4\left(45° + \frac{\varphi}{2}\right) - 1 \right] \quad (3.16)$$

式中　γ——缓冲层土容重（kN/m³）；
　　　φ——缓冲层土内摩擦角（°）；
　　　X、F——见式 3.17～式 3.20。

附 3.2.3　落石嵌入深度计算

拦石缓冲层和棚洞结构设计所采用的落石嵌入回填土最大深度 X（m）可按式（3.17）计算[16]：

$$X = v\sqrt{\frac{Q}{2g \cdot \gamma \cdot F} \cdot \frac{1}{2\tan^4\left(45° + \frac{\varphi}{2}\right) - 1}} \quad (3.17)$$

式中 F——落石投影面积：

$$F = \pi X(2R - X) \quad X < R\,(R\text{——石块半径}) \quad (3.18)$$

$$F = \pi R^2 \quad\quad\quad\quad X \geqslant R \quad (3.19)$$

亦可据下式计算 F 值：

$$F = \pi \cdot \left(\frac{3Q}{4\pi R}\right)^{\frac{2}{3}} \quad (3.20)$$

附3.2.4 落石冲击能与弹跳计算

附3.2.4.1 落石冲击能 E

如仅考虑落石运动能，则

$$E = 0.5mv^2 \quad (3.21)$$

如综合考虑落石运动能和滚动能，则

$$E = 0.6mv^2 \quad (3.22)$$

附3.2.4.2 落石弹跳参数

落石弹跳的水平距离：

$$L = \frac{2v_0^2(\tan\alpha - \cot\theta)\sin^2\theta}{g} \quad (3.23)$$

落石弹跳最大高度 $h_{\max}$[13]：

$$h_{\max} = \frac{v_0^2(\tan\alpha - \cot\theta)^2}{2g(1 + \cot^2\theta)} \quad (3.24)$$

式中 v_0——岩块起跳处的反射速度（m/s），近似按运动速度计。

与落石弹跳最大高度相应的水平距离 $L_{\max}$[13]：

$$L_{\max} = \frac{h_{\max}}{\tan \alpha} \quad (3.25)$$

式中　α——山坡坡度角（°）。

　　　θ——起跳的反射角（反射方向与垂直线的夹角），有以下经验式：

$$\theta = \frac{200 + 2\alpha\left(1 - \dfrac{\alpha}{45}\right)}{\sqrt[3]{v_j}} \quad (3.26)$$

其中：α——撞击前岩块起跳处的坡度；

　　　v_j——撞击时达到的末速度（m/s）。

从（2α（1－α/45））的一阶导数等于0可推出：α＝22.5°时θ值最大，因此经验式（3.26）适用范围为坡度大于22.5°。

参考文献

[1] 蒋忠信. 边坡临界高度卡尔曼公式之工程应用. 岩土工程技术，2007（5）.

[2] 刘红岩等. 直立层状岩质边坡失稳模式及临界高度分析. 中国地质灾害与防治学报，2012（4）.

[3] 重庆市地方标准. 地质灾害防治工程勘察规范. 2003.

[4] 唐红梅等. 危岩裂隙水压力修正计算方法. 中国地质灾害与防治学报，2008（4）.

[5] 曾纪全等. 岩体抗剪强度参数的结构面倾角效应. 岩石力学与工程学报，2004（20）.

[6] 陈炜等. 楔形体稳定的塑性极限的分析下限法. 岩土工程学报，2009（3）.

[7] 曹楚生. 岩体在两倾斜平面交线方向的抗滑计算. 土木工程学报，1981（3）.

[8] 蒋忠信. 长江三峡链子崖危岩工程防治的专家系统意见之灰色统计决策. 路基工程，1991（1）.

[9] 铁道部第一勘测设计院. 宝成铁路观音山车站岩石边坡开裂预应力锚索加固与测试//国内外岩土工程实例与实录选编. 沈阳：辽宁科学技术出版社，1992.

[10] 陈洪凯等. 危岩锚固计算方法研究. 岩石力学与工程学报，2005（8）.

[11] 蒋忠信. 链子崖危岩体北区变形特征与整治探讨. 中国地质灾害与防治学报，1996（4）.

[12] 阳友奎等. 坡面地质灾害柔性防护的理论与实践. 北京：科学出版社，2005.

[13] 蒋忠信等. 中国山区道路灾害防治. 重庆：重庆大学出版社，1996.

[14] 铁道部第一勘测设计院. 铁路工程设计技术手册：路基. 北京：中国铁道出版社，1992.

[15] 崔鹏等. 汶川地震山地灾害形成机理与风险控制. 北京：科学出版社，2011.

[16] 铁道部第二勘测设计院. 铁路工程设计技术手册：隧道. 北京：人民铁道出版社，1978.

[17] 赵旭等. 水电站高边坡滚石防护计算研究. 岩石力学与工程学报，2005（20）.

[18] 叶四桥等. 落石冲击力计算方法的比较研究. 水文地质工程地质，2010（2）.

[19] 黄润秋等. 滚石运动特征试验研究. 岩土工程学报，2007（9）.

[20] 严璧玉. 成昆铁路金沙江右岸落石试验//铁路工程地质实例. 北京：中国铁道出版社，2011.

[21] 阳友奎等. 斜坡坡面地质灾害柔性防护系统概论. 地质灾害与环境保护，2006（2）.

[22] 成昆铁路技术总结委员会. 成昆铁路 2：线路、工程地质及路基. 北京：人民铁道出版社，1980.

[23] 谭文辉等. 边坡爆破振动高程效应分析. 岩土工程学报，2010（4）.

[24] 中交第二公路勘察设计研究院. JTG D30—2004 公路路基设计规范. 北京：人民交通出版社，2004.

4 泥石流治理工程设计

本章所称泥石流系指降水型沟谷泥石流，不涉及坡面泥石流和冰川泥石流。

4.1 泥石流参数的计算方法

4.1.1 重度与流性

4.1.1.1 重　度

泥石流的水体体积含量比为 0.88～0.20，具有水体的流动特性，垂直流速梯度大于 0.01/s；其土体体积浓度比为 0.12～0.80，又具有土体的结构性，抗剪强度大于 0.05 kPa，因此泥石流是介于山洪与滑坡之间的特殊山区洪流[1]。

广义泥石流的重度介于 1.15～2.5 t/m³，一般取 1.3～2.4。重度小于 1.15～1.3 的为高含沙水流（下称洪流），由于冲淤转换，重度也可在 1.3 上下变化，此时可统称山洪泥石流。

按《泥石流灾害防治工程勘查规范》的配重法或调查法、查表法确定泥石流体的重度 γ_C[2]。各种方法均不易准确吻合，应相互印证。较大流域可对主、支沟及各汇流、冲淤段分别确定。

无条件时亦可据颗粒组成选用统计关系估计之，例如对重度大于 1.5 t/m³ 的泥石流可据黏粒含量 P_{05}（粒径<0.05 mm，小数表示）和粗粒含量 P_2（粒径>2 mm，小数表示）按余斌公式（4.1）估算[3]：

$$\gamma_C = 2.0 P_{05}^{0.35} P_2 + 1.5 \qquad (4.1)$$

4.1.1.2 流体性质

据泥石流流体的重度确定泥石流流体的性质。现分界值从 1.6 有所提高，倾向于稀性 1.3～1.8，黏性 1.8～2.4。困难时可根据黏粒含量大体估计泥石流流体的性质：黏粒含量<3%，稀性；3%～18%，黏性；>18%，泥流。

崩滑体入沟形成的土力类泥石流多为黏性，沟床冲刷揭底形成的水力类泥石流多为稀性。泥石流在沿沟运动过程中，重度会变化，黏性与稀性可相互转化。

泥球为黏性泥石流底泥层沿沟床滚动而成，碎石、角砾绕球心呈环状排列，泥球是黏性泥石流的一种标志（图 4.1）[4]。如绵竹文家沟 2010-8-13 泥石流暴发后，沟床堆积中普遍散布黏土质泥球，直径可达 20 cm，为确定该次泥石流的流体类型提供了依据。

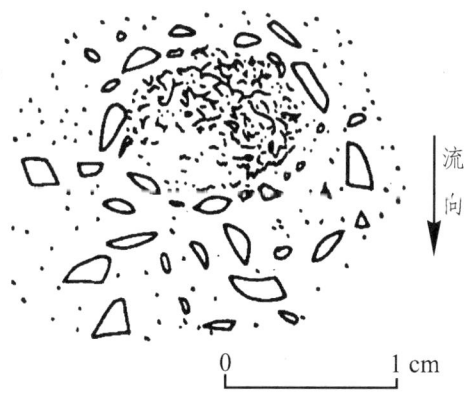

图 4.1　贵州盘县冷水沟泥石流中粉土质泥球的构造[4]

4.1.2 松散固体物源与堆积范围

4.1.2.1 松散固体物源问题与预测

对泥石流的松散固体物调查，需区分松散固体物源的静储量、动储量和一次冲出量。

震区山体破碎，松散固体物源剧增，据崔鹏等估算，汶川地震产生的松散固体物源多达 57.73 亿吨，以距发震断裂 30 km 内为主[5]。由于勘查困难，松散固体物源量碍难查实，动储量计算也因缺乏依据而失之粗放。勘查成果所得动储量和一次冲出量普遍偏小，致使震后所建泥石流拦挡工程往往力度不够，迅即被一两次泥石流淤满而失效。

如都江堰市八一沟，勘查估算固体物源动储量不足 40 万 m^3，2010-8-13 泥石流冲出固体物质上百万 m^3，将已建的各拦砂坝全部淤埋，仅下游 1 号坝左坝肩可见一斑。坝下排导槽全长淤盈，沟道淤高 10 多米，并入龙溪河形成部分堵塞。连近沟口的工棚也难幸免而被埋，施工和监理的原始资料均荡然无存。

有条件时，对泥石流固体物源储量的变化趋势，可采用 GM（1，3）灰色模型进行预测[6]。动储量来源于沟谷揭底侧蚀所致沟床堆积物起动和坡体滑塌以及坡面侵蚀，分别与沟谷纵剖面形态和植被覆盖相关，故可据不同年份的主沟谷纵剖面形态指数 N 和植被覆盖面积 F 连同固体物源储量 Q 本身采用 GM（1，3）模型预测物源量的动态变化。

如成昆铁路利子依达沟，利用 1981 泥石流灾害前后 4 个年度的 Q（$10^4\ m^3$）、N、F（km^2）数据，采用 GM（1，3）模型计算得预测式为

$$Q^{(1)} = (1\ 528.0 - 611.24N - 41.071F)\ e^{-1.236\ 554t} + \\ 611.24N + 41.071F\ (t\ 为年份)$$

据此预测出在不施加人为干预措施下未来数十年间物源量将

波动状缓慢增加,全流域将从1987年的1 928.3万 m^3 增加到2069年的2 119.7万 m^3。

4.1.2.2 松散固体物源动储量

动储量包括可入沟的崩塌滑坡体、坡面侵蚀物、可起动的沟床堆积物等。动储量应科学、动态地估算。

(1) 崩滑物源。

对崩塌滑坡体,要据现状和沟底下切形成的临空面来评价其整体稳定性和边坡稳定性,据失稳规模计为动储量。边坡稳定角可按经典公式($α/2+φ/2$)或库仑破裂角公式计算。对中高频泥石流,要叠加多次泥石流下切所导致的坡体失稳规模。

泥石流溯源下切沟道的纵坡较原沟道陡,约为原纵坡的1.1~1.5倍(稀性)或1.0~1.2倍(黏性)[7]。泥石流下切所致沟谷纵剖面形态的演化遵循普适的最小能耗原理[8],并可据不等时距GM(1,1)进行动态预测[9]。

泥石流沟谷纵剖面形态演化遵循最小能耗原理,即通过调整沟谷坡降使流速总体上增大,表现为单位流体的流速全程平均值 u 与纵剖面形态指数 N 呈正相关。在泥石流沟谷演化进程中,与 u 值的由小变大相应,N 值由小变大,沟谷纵剖面从上凸抛物线形经直线形向下凹抛物线形演变,泥石流沟谷地貌演化按泥石流孕育阶段、发展阶段、旺盛阶段、衰减阶段的顺序演替。

(2) 坡面侵蚀物源。

坡面侵蚀包括面状侵蚀与沟道侵蚀,面状侵蚀物源量难以按全流域平均侵蚀深度计,宜按侵蚀模量(t/km^2)计算工程有效期内的侵蚀总量,但因其粒度较小可被常年洪水带走,仅部分可计为泥石流动储量。

(3) 沟床揭底物源。

震后沟道堆积量巨大,其冲刷揭底是泥石流动储量的重要部分，应据堆积物粒径确定其起动流速，进而据不同频率泥石流流速判断其起动粒径，再据级配计算可起动颗粒的数量。

也可按现场调查的沟床一次下切规模估算沟床动储量，但应叠加工程有效期内可能暴发的各次泥石流下切规模。

（4）动态估算。

不同频率泥石流的流速和下切规模不同，所能起动的松散固体物质的规模理应不同，动储量应按工程有效期内可能暴发的各次不同频率泥石流所能起动的固体物质规模叠加计算。

动储量难以计量时，可试用乔建平等统计的汶川地震区经验式（4.2）[10]进行估计：

$$动储量 = 0.428 \times 静储量 - 11.04 \ (10^4 \ m^3) \quad (4.2)$$

4.1.2.3 沟道冲刷起动粒径

泥石流堆积物粗细混杂，属非均匀沙，其起动流速机理复杂，公式众多。经验上，非均匀沙起动流速主要与粒径 d（m）、水深 H（m）有关，可试用笔者公式（4.3）计算[11]，其较适用于粒径 0.5 mm～20 mm 的粗砂砾石。更小和更大粒径似以毛昶熙公式[12]的化简式（4.4）较合适。可视粒径分别选用。

$$V_c = 2.81 H^{0.14} d^{0.21} \quad (4.3)$$

$$V_c = A H^{1/6} d^{1/3} \quad (4.4)$$

对正规水流 A 取 6.08，对非正规水流的局部冲刷 A 取 3.02。对沟床堆积，正规水流的情况用式（4.4）较合适，非正规水流的局部冲刷用式（4.3）较合适。

较细非均匀砂的不冲刷流速可参见表 4.1。

石质土也可能被冲蚀，仅规模有限，经验的不冲刷流速参见表 4.2。

4 泥石流治理工程设计

表 4.1 非均匀砂不冲刷流速（m/s）[13]

定名	粒径（mm）	H_C（m）		
		1.0	3.0	5.0
黏土	0.005~0.05	0.20~0.30	0.25~0.45	0.40~0.55
砂	0.05~2.50	0.30~0.75	0.45~0.90	0.55~1.00
砾石	2.50~15.0	0.75~1.20	0.90~1.50	1.00~1.65
卵石	15.0~75.0	1.20~2.40	1.50~3.10	1.65~3.30
大卵石	75.0~200	2.40~3.80	3.10~4.65	3.30~5.00
漂石	200~500	3.80~	4.65~5.50	5.00~6.00

表 4.2 石质土不冲刷流速（m/s）[13]

土 名	H_C（m）		
	1.0	2.0	3.0
泥灰岩、页岩	2.5	3.0	3.6
石灰岩、砂岩	3.5~5.0	4.0~6.0	4.8~6.5
花岗岩、玄武岩、石英岩	18	20	22

4.1.2.4 堆积范围

一次泥石流固体物质冲出量可实地调查或据泥石流流量与重度计算。

沟口一次泥石流堆积范围可试用以下刘希林等实验公式预测[14]：

长度（m）：

$$L = 8.71\left(VG \cdot \frac{\gamma}{\ln \gamma}\right)^{\frac{1}{3}} \qquad (4.5)$$

厚度（m）：

$$T = 0.017 \cdot \frac{(V\gamma)^{\frac{1}{3}}}{G^{\frac{2}{3}}(\ln \gamma)^{\frac{1}{3}}} \quad (4.6)$$

面积（m^2）：

$$S = 38.41 \cdot \left(VG\frac{\gamma}{\ln \gamma}\right)^{\frac{2}{3}} \quad (4.7)$$

式中　V——一次泥石流固体物质冲出量（m^3）；
　　　G——堆积区坡度（小数）；
　　　γ——泥石流容重（t/m^3）。

4.1.3　流　速

计算流速为断面平均流速，采用以曼宁公式为基础的斯式改进公式计算，且应对沟道各节点处和工程部位分别计算。

4.1.3.1　稀性泥石流流速

（1）公式。

现勘查规范推荐用西南地区（铁道部第二勘测设计院（以下简称"铁二院"）陈光曦）公式[2]：

$$v_C = \frac{1}{\sqrt{\gamma_H \Phi_C + 1}} \cdot \frac{1}{n} \cdot R_C^{\frac{2}{3}} \cdot I^{\frac{1}{2}} \quad (4.8)$$

式中　v_C——泥石流断面平均流速（m/s）；
　　　γ_H——泥石流固体物质重度（t/m^3）；
　　　Φ_C——泥石流泥沙修正系数；
　　　$\dfrac{1}{n}$——巴克诺夫斯基糙率系数 M_c，查表取值（表 4.3）；

R_C——泥石流水力半径（m），天然沟道可用平均泥深（水深）H_C代替；

I——泥石流水力坡度（小数），可用沟床纵坡代替。

表4.3　巴克诺夫斯基糙率系数 M_c 值表

组别	沟槽特征	M_c值 极端值	M_c值 平均值	坡度
1	糙率最大的泥石流沟槽。沟槽中堆积有难以滚动的棱石或稍能滚动的大块石，并被树木严重阻塞，无水生植物；沟底呈阶梯式急剧降落	3.9～4.9	4.5	0.375～0.174
2	糙率较大的不平整的泥石流沟槽。沟槽中堆积有大小不等的石块，并被树木阻塞，槽内两侧有草本植物；沟底坑洼不平，但无急剧突起，呈阶梯式降落	4.5～7.9	5.5	0.199～0.067
3	较弱的泥石流沟槽，但有大的阻力。沟槽由滚动的砾石和卵石组成，常因有稠密的灌木丛而被严重阻塞；沟床因有大石块突起而凹凸不平	5.4～7.9	6.6	0.187～0.116
4	处于山区中下游的泥石流沟槽。沟槽经过光滑岩面，有时具有大小不等的阶梯状跌水沟床，在开阔河段有树枝、砂石停积阻塞，无水生植物	7.7～10.0	8.8	0.220～0.112
5	处在山区或近山区的河槽，由砾石、卵石等中小粒径和能完全滚动的物质组成；河槽阻塞轻微，河岸有草本及木本植物，河底降落较均匀	9.8～17.5	12.9	0.090～0.022

（2）参数取值。

合理选取糙率系数（$1/n$）是关键，糙率系数是糙率（n）的倒数。

对自然沟道，据沟道特征与水深查巴克诺夫斯基糙率系数 M_c 表在 3.9～17.5 范围内取值。糙率系数取值与水深、坡度有关，水深、坡度较大，应取区间中较小值。

对排导槽，设肋槛的软底槽会加大糙率，减小糙率系数；铺底槽会减小糙率，加大糙率系数；但二者现尚仅有部分行洪经验可资定量参考应用。例如，行洪渠道的糙率 n，浆砌块石为 0.025，混凝土为 0.015～0.017，设横肋混凝土的铺底槽则成倍增大，参见表 4.4[13]；而行泥石流时，则显然应大于以上值。

表 4.4　设横肋 C15 混凝土铺底槽糙率 n 值[13]

（肋间距为 8 倍肋高时）

水力半径 R (m)	0.1			0.5			1.0		
肋上水深/肋高	8	5	3	8	5	3	8	5	3
n	0.022	0.024	0.025	0.032	0.034 3	0.036	0.039	0.041 6	0.044

因排导槽深宽比要比天然沟道大得多，其流速计算中的水力半径（过水断面面积/湿周）不宜用平均泥深代替。

4.1.3.2　黏性泥石流流速

现勘查规范推荐用东川泥石流改进公式（铁二院陈光曦）计算[2]：

$$v_C = KH_C^{\frac{2}{3}} I_C^{\frac{1}{5}} \quad (4.9)$$

式中　K——黏性泥石流流速系数，查表 4.5 取值。

表 4.5　黏性泥石流流速系数 K 值表

H_C (m)	<2.5	3	4	5
K	10	9	7	5

黏性泥石流的流速系数与沟槽特征、泥深及黏附层特性有关，统一公式由王裕宜导出[15]：

$$K = \frac{1}{0.033 R_{ns}^{-0.51} \exp(0.34 R_{ns}^{0.17}) \ln h} \qquad (4.10)$$

式中　R_{ns}——泥石流浆体泥沙比（粒径<0.05 mm 含量与粒径>0.05 mm 含量之比，小数）；

　　　h——最大泥深（m）。

4.1.3.3　理论公式

经比较，表面流速理论公式较符合实际，且黏性与稀性泥石流均适用，周必凡将公式化简为[16]

$$v_C = \left(0.5 + \frac{2H_C}{3}\right)\sqrt{g\frac{\sin\theta - \cos\theta \cdot \tan\varphi_m}{\alpha}} \cdot \sqrt{H_C} \qquad (4.11)$$

式中　H_C——泥深（m）；

　　　θ——沟床纵坡（°）；

　　　φ_m——泥石流体内摩擦角，$\tan\varphi_m$ 一般取 0.04～0.06；

　　　α——碰撞系数，黏性泥石流取 0.01～0.02，稀性取 0.02～0.03。

φ_m、α 如均按中值取值，极端误差分别为 10% 与 12%，据此理论公式最大误差仅 22%，比经验公式的人为性要小，可以试用。

4.1.4　峰值流量

峰值流量为最大洪峰流量，对沟道各节点和工程部位要按剖面分段进行计算。在重度相同和无渗流的情况下，下一剖面流量应比上一剖面流量大。不能以剖面上游全部汇水面积产流和剖面段的重度、堵塞系数来计算通过该剖面的泥石流流量，下一剖面流量应为上一剖面流量与两剖面间汇水面积所产泥石流流量之和。

4.1.4.1 泥石流峰值流量 Q_C [17]

（1）公式。

形态调查法：

$$Q_C = W_C \cdot v_C \qquad (4.12)$$

式中　W_C——泥石流过流断面面积（m²）；

　　　v_C——泥石流断面平均流速（m/s）。

雨洪法：

$$Q_C = (1 + \Phi_C) Q_P \cdot D_C \qquad (4.13)$$

式中　Q_P——频率为 P 的设计暴雨清水流量（m³/s）。

　　　D_C——泥石流堵塞系数（表 4.6）。

　　　Φ_C——泥石流泥沙修正系数：

$$\Phi_C = \frac{\gamma_C - \gamma_W}{\gamma_H - \gamma_C} \qquad (4.14)$$

其中：γ_C——泥石流重度；

　　　γ_W——清水的重度；

　　　γ_H——泥石流中固体物质重度。

表 4.6　泥石流堵塞系数 D_C 值表

堵塞程度	特　征	堵塞系数 D_C	容重（t/m³）	黏度（Pa·s）
严重	河槽弯曲，河段宽窄不均，卡口、陡坎多；大部分支沟交汇角度大，形成区集中；物质组成黏性大、稠度高，沟槽堵塞严重，阵流间隔时间长	>2.5	1.8~2.3	1.2~2.5
中等	沟槽较顺直，沟段宽窄较均匀，陡坎、卡口不多；主支沟交角多小于60°，形成区不太集中；河床堵塞情况一般，流体多呈稠浆—稀粥状	1.5~2.5	1.5~1.8	0.5~1.2
轻微	沟槽顺直均匀，主支沟交汇角小，基本无卡口、陡坎，形成区分散；物质组成黏度小，阵流的间隔时间短而少	<1.5	1.3~1.5	0.3~0.5

(2)堵塞系数。

正确选用堵塞系数 D_C 是流量计算的关键,一般可查表选用,即轻微堵塞 $D_C<1.5$,中等堵塞 $D_C=1.5\sim2.5$,严重堵塞 $D_C>2.5$。黏性泥石流也可用以下两个吴积善经验式[1]计算印证:

$$D_C = 0.87 t^{0.24} \tag{4.15}$$

$$D_C = \frac{5.8}{Q_C^{0.21}} \tag{4.16}$$

式中　t——堵塞时间(s);

　　　Q_C——泥石流流量(m^3/s)。

震区崩滑体常堵沟,堵塞系数多已超出查表范围。因此,必须评判主要崩滑体的稳定性与堵沟的可能性,作为提高堵塞系数取值的依据。另一方面,如设计中已考虑崩滑体固源措施,则堵塞系数不能套用自然沟道,取值应有所降低。

4.1.4.2　设计暴雨清水流量

频率为 P 的设计暴雨清水流量 Q_P(m^3/s),可按水科院推理公式计算[13]。

$$Q_P = 0.278\alpha \cdot \left(\frac{S_P}{\tau^n}\right) \cdot F \tag{4.17}$$

式中　α——洪峰流量系数。当全面汇流,产流历时 $t_C \geq$ 汇流时间 τ 时,上式变为

$$Q_P = 0.278\left(\frac{S_P}{\tau^n} - \mu\right) \cdot F \tag{4.18}$$

当部分汇流,$t_C < \tau$ 时,式(4.17)中 α 按式(4.19)计算:

$$\alpha = n\left(\frac{t_C}{\tau}\right)^{1-n} \tag{4.19}$$

$$t_{\mathrm{C}} = \sqrt[n]{(1-n) \cdot \frac{S_P}{\mu}} \qquad (4.20)$$

S_P——暴雨参数。$S_P = H_{tP} t^{n-1}$，$H_{tP} = K_P H_t$；当采用 H_{24} 时，$S_P = H_{24P}(24)^{n-1}$，$H_{24P} = K_P H_{24}$。K_P 插表取值，H_{24} 查地区等值线图选用。

τ——流域汇流时间（h）：

$$\tau = 0.278 \frac{L}{m \cdot \sqrt[4]{Q_P} \cdot \sqrt[3]{I}} \qquad (4.21)$$

其中：L——流域全长；

I——平均比降；

m——汇流参数（查图选用）。

n——暴雨参数，查地区等值线图选用；

μ——损失参数，查图或计算确定。当 $t_{\mathrm{C}} > 24$ h 时，$\mu = (H_{24} - h_{24})/24$。$h_{24}$ 为 24 h 降雨的径流深，查图表确定。

F——汇水面积（km²）。

由于近年气候异常，暴雨频发，按包括最近时段的降雨量构成的时间序列重新进行统计，则同一频率的雨量会有所增大，流量计算中应留有余地。

4.1.5 据弯道泥痕计算流速、流量

据上述公式计算的流速和流量，有条件时还应据沟道泥痕进行印证，即用调查的泥痕确定泥深进而计算流速，再据泥痕处过流断面计算流量。泥痕应区别于溅痕并不能选在下切沟段。

由于采用直道泥痕计算流速仍要凭经验选用糙率系数，结果亦有人为性。根据弯道泥痕调查所得弯道高差值 Δh（凹、凸岸泥痕之高差，m），采用笔者归纳的以下理论公式计算流速较为准确[18]。

稀性泥石流：

$$v=\sqrt{R\cdot g\cdot\left(\frac{\Delta h}{B}-\tan\varphi\right)} \quad (4.22)$$

黏性泥石流：

$$v=\sqrt{R\cdot g\cdot\left(\frac{\Delta h}{B}-\tan\varphi-\frac{c}{H\cdot\gamma\cdot\cos^2\theta}\right)} \quad (4.23)$$

式中　v——断面平均流速（m/s）；

　　　R——沟道中心曲率半径（m）；

　　　g——重力加速度；

　　　B——水流断面宽度（m）；

　　　φ、c——泥石流体的内摩擦角（°）、黏聚力（kN/m²），据土工试验可得；

　　　θ——泥面倾角（°）；

　　　H——平均泥深（m）；

　　　γ——流体重度（kN/m³）。

如果 φ、c 值难以获取，且考虑可能发生洪流冲刷，建议偏于安全地按洪水公式计算：

$$v=\sqrt{R\cdot g\cdot\frac{\Delta h}{B}} \quad (4.24)$$

案例：据游勇进行的黏性泥石流水槽实验[19]，得计算参数如下：$\Delta h=0.475$ m；$H=0.29$ m；$R=1.2$ m；$B=0.5$ m；$\theta=43.5°$；$\gamma=20$ kN/m³；据相同重度流体的剪切试验，$\varphi=4.5°$、$c=0.088$ kN/m²。据式（4.23）得断面平均流速 $v=3.149$ m/s。实测流速平均值为 2.88 m/s。计算值比实验值大 9.3%。如按洪水公式（4.24）计算，则 $v=3.344$ m/s，比按黏性泥石流公式计算值大 5.8%，偏于安全。

4.1.6 一次泥石流过程总量[20]

一次泥石流总量 Q（m³）：

$$Q = \frac{19TQ_C}{72} \qquad (4.25)$$

式中　T——泥石流历时（s），多据调查访问确定；
　　　Q_C——泥石流峰值流量（m³/s）。

有经验式：

$$Q_C = 0.018\,8Q^{0.79} \qquad (4.26)$$

一次泥石流冲出的固体物质总量 Q_H（m³）：

$$Q_H = Q \cdot \frac{\gamma_C - \gamma_w}{\gamma_H - \gamma_w} \qquad (4.27)$$

4.1.7 泥石流冲击参数

4.1.7.1 泥石流体整体冲压力

现勘查规范推荐采用铁二院陈光曦（成昆、东川两线）公式[21]：

$$\delta = \lambda \cdot \frac{\gamma_C}{g} \cdot V_C^2 \sin\alpha \quad (\text{kPa}) \qquad (4.28)$$

式中　λ——建筑物形状系数，圆形 1.0，矩形 1.33，方形 1.47；
　　　γ_C——泥石流重度（kN/m³）；
　　　v_C——泥石流断面平均流速（m/s）；
　　　α——泥石流冲击角度（°）。

有条件时，可进行泥石流冲击力的现场测试[22]。蒋家沟黏性泥石流实测值为 19.1～182 kPa[1]。

4.1.7.2 石块的冲击力

现勘查规范推荐采用铁二院陈光曦(成昆、东川两线)公式[21]:

$$F = r \cdot v_C \cdot \sin\alpha \sqrt{\frac{W}{C_1 + C_2}} \quad (\text{kN}) \tag{4.29}$$

式中 r——动能折减系数,对圆形端(正面撞击)$r=0.3$,斜面撞击 $r=0.2$;

v_C——泥石流断面平均流速(m/s);

α——泥石流冲击角度(°);

W——石块重量(kN);

C_1、C_2——巨石、桥墩的弹性变形系数,$C_1 + C_2 = 0.0005$ m/kN。

4.1.7.3 泥石流冲起高度

泥石流最大冲起高度 ΔH_1 (m)[23]:

$$\Delta H_1 = \frac{v_C^2}{2g} \tag{4.30}$$

式中 v_C——泥石流断面平均流速(m/s),不正冲时,ΔH_1 似应按 $\sin\alpha$ 折减,α 为泥石流与岸堤的交角。

4.1.7.4 泥石流爬高 ΔH_2 (m)[23]:

$$\Delta H_2 = \frac{bv_C^2}{2g} \approx 0.8 \frac{v_C^2}{g} \tag{4.31}$$

式中 b——迎面坡度的函数;

v_C——泥石流断面平均流速(m/s),不正冲时,ΔH_2 亦应按 $\sin\alpha$ 折减。

一般爬高要大于最大冲起高度,至少 $\Delta H_2 = 1.6\Delta H_1$。

4.2 地震区泥石流参数与工程问题

4.2.1 泥石流沟的判别

地震区崩塌滑坡等松散固体物源剧增，为泥石流的形成和加剧创造了条件，使震前原本因缺乏松散固体物源条件而未暴发过泥石流的沟谷转化为泥石流沟或潜在泥石流沟。

泥石流沟严重程度的判别采用现勘查规范所附谭炳炎方法[24]，潜在泥石流沟的判别还可参考判别因子少且可室内作业的以下两种方法。

（1）崔鹏等据汶川震区样沟建立的线性组合判识方法[5]：

$$Y = -0.003\,445x_1 + 0.044\,980x_2 - 0.013\,280x_3 -$$
$$0.080\,969x_4 + 0.085\,978x_5 - 0.358\,127x_6 \quad (4.32)$$

式中　x_1——距断层距离（km）的倒数；

x_2——流域完整系数，x_2 = 流域面积（km²）/主沟长度（km）；

x_3——流域发育程度，x_3 = 流域最大高差（m）/流域周长（m）；

x_4——沟床平均比降（小数）；

x_5——山坡平均坡降（小数）；

x_6——岩组类型分值：砂板岩 0.308 2 或 0.223 6，千枚岩 0.157 1，片麻岩 0.108 5，花岗岩 0.074 3，粉砂岩 0.035 2，砂岩 0.022 9，灰岩 0.019 4。

判识阈值为 −0.001 646，Y > −0.001 646 判为非泥石流沟，Y < −0.001 646 判为泥石流沟。判识因子为流域地貌与地质参数，试判准确率为 77.8%。

（2）成昆铁路沿线的笔者经验，为 6 因子评分法[25]（表 4.7）。判识因子为暴雨、流域地貌、地质、松散固体物质与植被。

4 泥石流治理工程设计

表 4.7 泥石流沟简易判别[25]

判别指标	单位	分值	评 分
H_{24}	mm	30	≤40—50—60—70—80—100—120—150 0　5　9　12　15　20　24　27　30
$N^{[26]}$		20	≤0.62　0.62—1.0　1.0—1.3　1.3—1.8 　　　2.0—3.71　1.8—2.0 0　　　　7　　　　14　　　20
岩性		15	硬岩　　　中硬岩　　　软岩 5　　　　10　　　　15
Q	$10^4 \text{m}^3/\text{km}^2$	15	≤1　—　2　—　5　—　10　—　20 2.5　　5　　7.5　　10　　12.5　　15
F	km/km²	10	0—0.1—0.2—0.3—0.4—0.5—0.6—0.7—0.8—0.9—1 0　1　2　3　4　5　6　7　8　9　10
P	%	10	$(1-P) \times 10$

表中：H_{24}——年最大 24 h 雨量的多年平均值，可据历年的日雨量最大值的平均值乘以改正系数 K 而得，对四川，$K=1.11$ 或 1.16；或从水利部门所编 H_{24} 等值线图查取。

N——沟谷纵剖面形态指数，按抛物线式 $\frac{h}{H} = \left(\frac{l}{L}\right)^N$ 拟合而得。计算步骤为：在沟头至出山口主沟段间隔选点计得各点与出山口的沟谷长度 l 与高差 h，再分别除以沟段全长 L 与高差 H 而得 $\frac{l}{L}$ 与 $\frac{h}{H}$，然后以 0.01 为步长据经验逐一假设 N 值，计算各点的 $\left(\frac{l}{L}\right)^N$ 值以及 $\frac{h}{H}$ 与 $\left(\frac{l}{L}\right)^N$ 之差 Δ，最后求各点 Δ 的平方和，偏差平方和 $\sum \Delta^2$ 最小时的假设 N 值即为所求。可按沟段纵剖面形态假定 N 值：$N<1.0$ 上凸，N 值愈小愈凸；$N \approx 1.0$ 直线；$N>1.0$ 下凹，N 值愈大愈凹[27]。根据泥石流流域系统的超熵 P 可评判泥石流流域系统的稳定性，P 可据 N 计算 $\left(P = \frac{N^3 \cdot (N^2-4) \cdot (N+2)}{32 \times (6-N)}\right)$。$P>0$ 流域稳定，P 愈大愈稳定；$P<0$ 流域不稳定，P 愈小愈不稳定。据与 P 值相应的 N 值划分泥石流流域地貌的演化阶段：$0<N \leq 0.62$ 为泥石流孕育阶段（纵剖面上凸），$0.62<N \leq 1.23$ 为泥石流发展阶段（纵剖面微凸至微凹），$1.23<N<2.0$ 为泥石流旺盛阶段（纵剖面较凹），$2.0 \leq N<3.71$ 为泥石流衰减阶段（纵剖面甚凹），$N \geq 3.71$ 为流域

稳定阶段（纵剖面极凹），如图 4.2 所示。

Q——单位流域面积松散固体物质动储量。

F——单位流域面积断裂长度。

P——流域林地率。

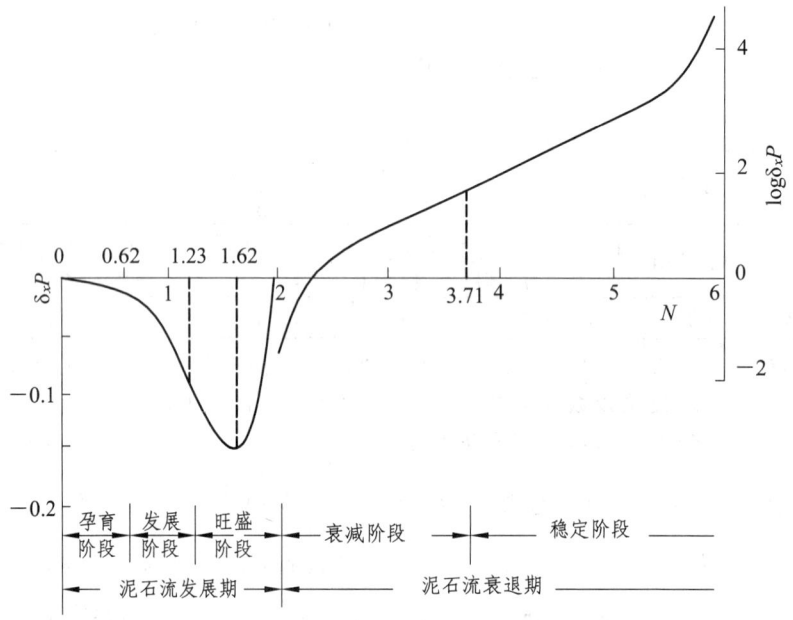

图 4.2 常见范围的泥石流沟谷纵剖面形态指数 N 和相应泥石流流域系统超熵 P 划分的泥石流发育阶段[26]

判别阈值具地区经验性，对成昆铁路北段，总分在 50 及 50 以上为泥石流沟，50 分以下为非泥石流沟（图 4.3）；对内昆铁路，判别阈值为 56 分[28]。

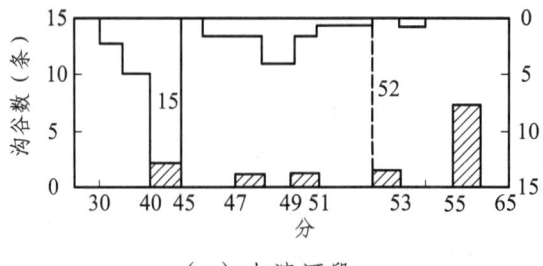

（a）大渡河段

4 泥石流治理工程设计

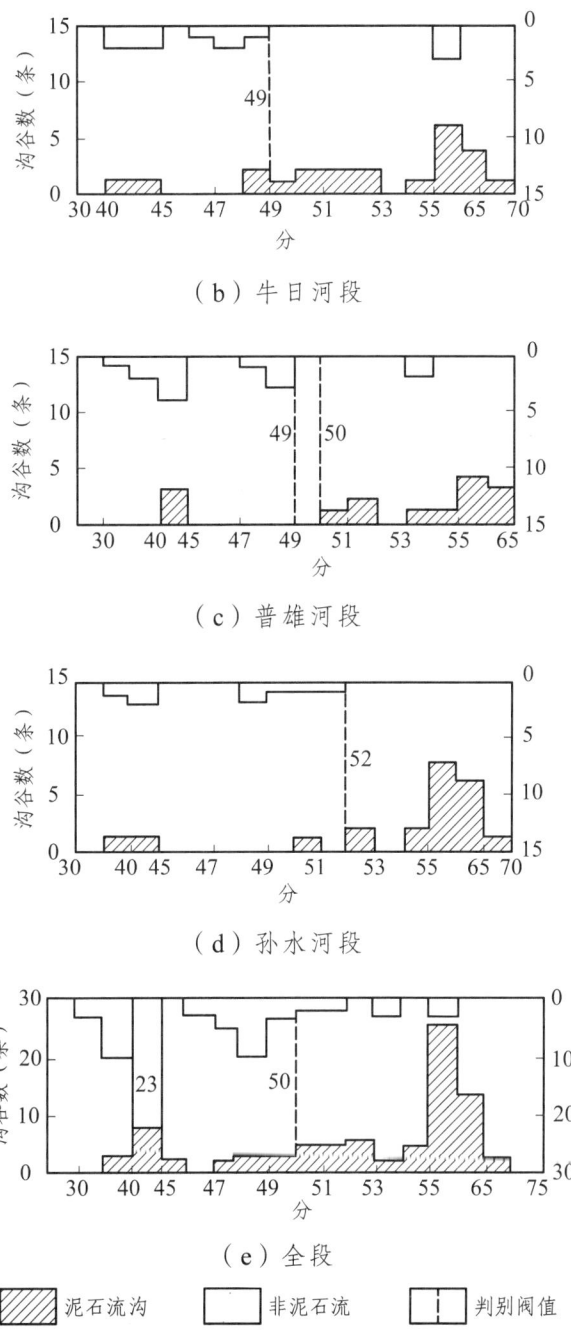

（b）牛日河段

（c）普雄河段

（d）孙水河段

（e）全段

图 4.3 成昆铁路沙湾至泸沽段泥石流沟与
非泥石流沟判别得分的频数分布[25]

对沟谷泥石流的演化趋势，还可根据主沟纵剖面形态、固体物源量、植被覆盖率、人为活动等因素随时间的变化采用灰色系统等模型进行预测[29]。其中，泥石流沟谷纵剖面形态演化采用不等时矩的 GM（1，1）灰色模型预测，松散固体物源量的变化采用 GM（1，3）灰色模型预测，植被覆盖的变化采用马尔科夫模型预测，人为采掘弃渣活动的变化采用 Verhulst 生物生长模型预测，按各因素的预测结果重新评分，按得分之和评判演化趋势。

此外，据前人经验，泥石流起动坡度，土力类约为 15°，水力类约为 12.5°。崔鹏等在汶川地震区的起动模式为[5]：坡度 8°~12.5°，冲蚀→冲沟→崩塌→堵塞→溃决→泥石流；坡度 12.5°~17.5°，侵蚀→泥石流；坡度 17.5°~25°，坡面流→入渗→失稳→下滑→液态化。

4.2.2 泥石流暴发频率与流性的变化

泥石流暴发频率取决于诱发泥石流的临界雨量。临界雨量包括前期有效雨量和当日雨强，目前尚无普适的成熟模式，地区差异性大，可据当地经验和地形地质水文条件研判。尤其要研究以下新问题：

（1）地震后松散固体物源齐备，待水起动，形成土力类泥石流。此类泥石流的临界水量较水力类低，为泥石流体积的 53%~10%。因此诱发泥石流的临界雨量变小，暴发频率增大。唐川等研究北川 2008-9-24 泥石流发现，与震前相比，起动泥石流的前期累积雨量降低了 14.8%~22.1%，小时雨强降低了 25.4%~31.6%[30]。

（2）泥石流起动类型不同，临界雨量会不同。震后泥石流起动按主要固体物源可分为 3 种类型：一般的崩滑体转化型、堵沟溃决型（如红椿沟）、揭底侧蚀型（如文家沟）。

坡体发生崩滑、沟中堰塞体溃决、沟底冲刷揭底三者的起动水力条件不同[7]。诱发坡体崩滑的降雨量最低，形成的泥石流相当于土力型；冲刷揭底形成的泥石流相当于水力型，其临界水量为泥石流体积的 53%~82%，对应的降雨量较大；堰塞体溢流型溃决要求堰顶形成相当高的溢流水头，相应的降雨量最大。

因此，对地区经验性临界雨量还应据起动类型予以细化，以解决地形地质条件相同的同一地区内泥石流不一定会群发的困惑。

（3）泥石流山区的降雨量随海拔高度而变化，一般是向上逐渐增大至极值再逐渐减小[31]，同时还与坡向、坡形等因素相关[32]。降雨量随海拔高度的变化可用三参数高斯曲线（$P_z = a\exp[-b(z-H)^2] + c$）来模拟，例如，最大降雨高度 H 对秦岭南坡为 2 340 m，对伏牛山南坡为 1 320 m（图4.4）。

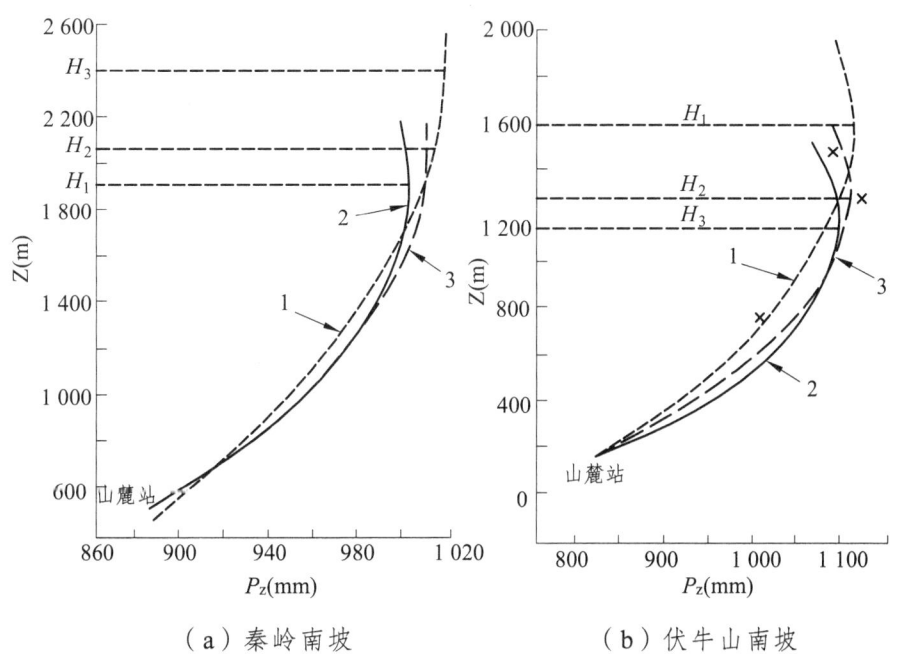

(a) 秦岭南坡　　　　(b) 伏牛山南坡

图 4.4　年降水量 P_z 随海拔高度 z 的变化[31]

1—傅氏法结果；2—阎氏法结果；3—用阎氏公式优选最小 Q 值时结果

泥石流形成区一般位于最大降水高度以下，因此现有集镇或沟口段的观测雨量不能代表形成区，一般是偏小。如成昆铁路利子依达沟于1981-7-9暴发灾难性泥石流，沟口仅降雨16.4 mm[33]。

（4）近年极端气候事件增多，暴雨频发，也是泥石流暴发频率增大的重要原因。据近期的降水系列，可采用灰色模型对可能触发泥石流的灾变事件进行时间预测[34]。

此外，震后松散固体物源的剧增，其性质与成分也有所改变，所形成泥石流的重度亦会变化。一般因松散固体物源的齐备而易形成黏性泥石流；当地震崩滑体颗粒粗大时，则因黏粒少而形成稀性泥石流。崔鹏等认为，泥石流体容重比震前约提高30%，一般为黏性泥石流[5]。

4.2.3 泥石流峰值流量的修正

地震后松散固体物源大增，使泥石流峰值流量剧增，造成巨大灾害，教训殊深。如2008-9-24泥石流，据崔鹏等抽样统计，峰值流量为震前的0.5～5倍[5]；固体物质一次冲出量，在北川魏家沟达100万 m^3，唐家山支沟达30万 m^3，大大超过预计值。

泥石流峰值流量远超设计预期的原因主要是崩滑体堵沟后溃决，形成溃决型泥石流，溃决流量远大于正常泥石流。2010-8-13红椿沟泥石流的巨大灾情，就与溃决有关。

因此，在泥石流峰值流量计算中，应视崩滑体入沟已堵塞或将堵塞的情况，加大堵塞系数 D_C 的取值；溃决型泥石流的形成过程特殊，当堵塞系数 D_C 的取值超出表列范围，则应建议另设溃决系数，取溃决流量与正常流量之比为溃决系数。

防止崩滑体入沟堵溃是治理的重点，采取有效措施防崩滑堵沟后，泥石流峰值流量则仍可按正常的堵塞系数进行计算。

4.2.4 全流域统筹防治泥石流的原则

"5·12"地震主震区多个流域群发泥石流,应根据全流域重建规划,贯彻整个流域统筹防治泥石流的原则。

主河宽坦,纵坡平缓,大量泥石流固体物质输入后不会发生堵溃灾害或不再起动为次生泥石流的河段,可考虑加大泥石流固体物质的排放,将主河作为停淤场所,相应减少甚至取消拦砂工程,转而对两岸有保护对象岸段按淤积后水文条件修建防护堤加以防洪,大量减少了泥石流治理工程,如北川县擂鼓镇的苏宝河中下游段和陈家坝镇的通口河段。

陈家坝新老场镇的通口河两岸分布有5条泥石流沟与5处崩塌滑坡体,全面治理10处地质灾害体的费用估算为1.6亿元,改将宽深的通口河作为纳淤场,少治多排,并对岸坡不够高的局部岸段加以护岸,费用估算仅为0.6亿元,减少60%。

主河纳淤规模应全流域统筹兼顾,国土与建设、交通、水利等部门联动对接,淤积的范围和高度要不危及安置规划区和沿河公路,并与水利部门的堤防和清淤规划相衔接。

如2010-8-13泥石流后的龙溪河,将3条对沟口民居有危害的泥石流沟用拦固工程加以工程治理,并在出口外滩地设停淤场,使之不排输大量固体物质入已淤高的龙溪河,以免影响河堤、沿河公路和龙池场镇。

4.2.5 主-支沟泥石流关联问题

震后有的泥石流沟因流域面积大、主沟宽坦、纵坡平缓,泥石流主要在其支沟暴发,固体物质主要堆积于主沟中。此时的问题一是主沟床淤积物是否可能被起动下泄,二是下泄中是否可能被两岸汇流而稀释成高含沙水流。

由于危害对象往往集中于主沟沟口的堆积扇处,如果主沟床泥石流堆积物不会大量被揭底起动，则可将主沟床部分作为停淤场所，减少拦砂工程，修建防护堤，保护有危害对象的岸段。如果主沟床泥石流堆积物有可能被大量起动，但可被稀释成高含沙水流，则沟口扇以防洪为主；如果不能稀释成高含沙水流，则沟口扇以防泥石流为主。

如绵竹高桥沟，主沟为宽深的箱形谷，众多支沟泥石流冲出物停积于此，沟道普遍淤高10多米。由于纵坡缓，仅有少量细颗粒可起动输入绵远河，对河对岸的汉清公路威胁不大。在主沟近出口拟修骨干停淤坝，库容可达数10万 m^3，效益比高。

4.2.6 地震堰塞体及其利用问题

地震崩滑体入沟堵断沟道形成堰塞体，其后积水成堰塞湖。有的震后已溃，有的至今未溃。预测溃决是当今难题。

堰塞体的溃决分渗流破坏（管涌）与溢流破坏两类，崩滑堰塞体的溃决以坝顶溢流冲刷下切破坏为主。

溢流溃决主要取决于堰塞体块度与坝顶溢流高度，块度决定被冲刷下切的难易，溢流高度决定流速从而决定冲刷下切的能力，溢流高度又取决于暴雨洪峰等因素。坝体沿河长度不是控制溢流溃决的主要因素，现在未溃也不等于将来不溃。

例如，1933年叠溪地震形成的岷江海子，除震后第45天首次溃决外，大、小海子还于1986、1992年两次溃决，原因是漂木叠于坝顶形成6 m多高的溢流水头[35]。西藏易贡滑坡坝沿河长约2 000 m，在抢修溢流槽的过程中就发生了溢流溃决[36]。

泥石流沟堰塞坝与冰川堰塞坝相似，据笔者对冰碛湖溃决的研究[37]，设：

坝全长为 B（m）；

溃口宽度为 b（m），在溃前用溢流段长度代表；

累积粒度曲线上对应于95%体积的粒径为 d_{95}（m）；

4 泥石流治理工程设计

则导致漫溢溃坝的临界水头高度 $H(\text{m})$ 可用式（4.33）估算：

$$H = 23.4 \frac{d_{95}^{0.583}}{10^{\frac{0.833b}{B}} \left(\frac{B}{b}\right)^{0.694}} \tag{4.33}$$

如堰塞体块度大、流域暴雨洪峰小，经估算达不到溃决所需条件，可以认为堰塞体是稳定的。该式试用于北川白什后山滑坡堰塞体，基本符合实际[38]。

对白什滑坡坝，$d_{95}=1.0$ m，$B=30$ m，溃口宽度 b 取两种极端情况。

当 $b=0.362B$ 时，H 将达极大值，将 $b/B=0.362$ 代入式（4.33），则

$$H = \frac{23.4 \times 1.0^{0.583}}{10^{0.833 \times 0.362} \times \left(\frac{1}{0.362}\right)^{0.694}} = 5.773 \text{ m}$$

$b=B$ 时为 H 极小情况，将 $b/B=1$ 代入式（4.33），则

$$H = \frac{23.4 \times 1.0^{0.583}}{10^{0.833 \times 1} \times \left(\frac{1}{1}\right)^{0.694}} = 3.437 \text{ m}$$

即：漫溢溃坝临界水头值区间为[3.437，5.773] m，中值为 4.605 m；进一步算得此时溃决流速约为 3.4 m/s，导致溃坝所需洪峰流量约为 390 m³/s。结论为：在泄洪洞完全堵塞的现实情况下，白水河发生100年一遇洪水时，滑坡坝才有可能溃决的风险。

此外，尚有堰塞体上兴建构筑物所致的溃决，如北川青宁沟堰塞体上新筑的高3 m的过沟土质路堤，抬高了过堰水头，路堤在 2012-8-17 特大暴雨中被冲毁，导致堰塞体下切，下游拦砂坝冲损。

对稳定的堰塞体可加以利用，在对其采用混凝土面板或挂网

喷射混凝土等护面工程并留泄洪道之后，可作为拦砂坝或谷坊坝使用，甚至可用以发电，如唐家山堰塞湖。

4.3 泥石流治理工程的总体方案

4.3.1 泥石流治理工程的类型和总体原则

丰富的松散固体物质、充沛的水动力、陡峻的沟谷地形，是形成泥石流的三大要素。影响泥石流起动的决定因素是底床坡降、水分状况和颗粒级配。崔鹏所得临界条件的经验式为[39]

$$\theta - 8.006\ 2S_r - 2.485\ 9S_r^2 - \frac{3.489\ 6}{C\ 0.099\ 6} + 7.019\ 5 = 0 \quad (4.34)$$

式中　θ——底床坡度（°）；

　　　S_r——饱和度（小数）；

　　　C——细粒含量（小数）。

对震区宽级配弱固结土，崔鹏等提出了"细颗粒运移→水层→剪切带"的起动模式[5]。

4.3.1.1 工程的类型

泥石流治理工程主要从松散固体物质和水动力着手，类型众多，包括：

（1）形成区抗滑固坡工程（挡土墙、抗滑桩、锚固），坡面水土保持工程（生物工程），控制水体工程（截流渠、调洪水库、泄洪洞）。

（2）流通区的拦砂工程（拦砂坝），固床护坡工程（谷坊、潜槛、防冲肋、防护墙）。

（3）堆积区的防护工程（防护堤），排导工程（排导槽），停淤工程（停淤场），过流工程（明洞渡槽）等。

常用的是拦-固-停与排-护两大类工程，通常是二者结合。

4.3.1.2　总体原则

泥石流治理工程的总体方案通常就是在拦排结合的前提下，确定以拦-固-停为主还是以排-护为主，其基础是确定拦排泥石流固体物质的总量和拦与排的数量比例。

一般地，对于主河输沙能力强、支沟泥石流较弱的主强支弱型河段，如金沙江，泥石流多以排为主；相反，对主河输沙能力弱、支沟泥石流较强的主弱支强型河段，如都江堰市龙溪河和绵竹市绵远河，泥石流多以拦为主；对主河输沙能力与支沟泥石流相当的主支均势型河段，如岷江，泥石流应拦排并重[7]。

同时，还要结合危害性和民生统筹确定泥石流治理工程的总体原则。

例如唐家山堰塞湖至北川老县城段的湔江，震后已不断淤高，继续纳沙则将淤埋北川老县城地震遗迹，对沿岸支沟泥石流就应以拦为主；位于"5·12"地震极震带的安县高川河和茶坪河，沟口扇乡镇人口密集，震后河床严重淤高，不能再纳淤，对支沟泥石流也被迫以拦为主；而从北川老县城下游汇入湔江的都坝河和擂鼓镇以上的苏宝河，河道深宽，两岸民居高踞，河道可作天然停淤场，沿岸支沟泥石流就应以排为主。

4.3.2　设防标准和拦排泥石流固体物质的总体规模

泥石流治理工程的工程有效期现仍按乡镇 20 年、城镇 50 年执行；泥石流设防标准仍按乡镇 20 年一遇、城镇 50 年一遇执行。

震后提高设防标准的呼声甚高，但囿于财力，工程有效期和设防标准尚未提高，设计中可适当加大主体工程的结构安全系数。对穿过高等级公路的过流工程，也可适当提高设防标准，尽量满足公路桥涵、路基的设防标准。

下一步应根据包含近期极端气候资料的新的气候序列重新确定不同频率的雨量标准，使设防频率标准不变但设防雨量标准提高。

根据工程有效期，可计算应拦＋排泥石流固体物质的总量。它与固体物质动储量不是一个概念，中或低频泥石流在工程有效期内不一定能将全部动储量的固体物质冲出。

工程有效期与设计暴雨频率是两个概念。拦排泥石流固体物质总量等于工程有效期内暴发各频率泥石流的次数与相应频率一次泥石流固体物质冲出量之乘积。泥石流频度愈高，计入的泥石流的次数应愈多。建议对乡镇中频泥石流，可计20年一遇1次＋10年一遇1~2次＋5年一遇2~3次；或者按2~3次20年一遇计。

对高频泥石流：

$$\text{泥石流固体物质总量} = \text{年平均泥石流固体物质冲出量} \times \text{工程有效期} \quad (4.35)$$

4.3.3　固体物质拦与排的分配比例

4.3.3.1　分配原则

根据主河输沙能力与既有桥涵过流能力，以不导致主河、公路次生灾害为度，针对工程有效期泥石流固体物质输出总量，确定拦（及固/停）-排结合方案中拦与排的比例，即总计要拦多少和排多少。

但在拦-固-停规模的计算中，稳固的已揭底段的沟道物源和已侧蚀段的坡体物源方可计入固源数量，但不宜将尚未揭底与侧蚀段的物源量计入。

要根据已发泥石流流入主河的调查，确定主河的正常输沙能力和会部分堵塞或全部堵断主河的泥石流固体物质总量,预测堵塞(断)主河和堵后溃决的可能性,分析堵溃形成的二次灾害,包括壅水对上游的淹没与溃决洪水、泥沙下泄对下游的危害。

主河的纳沙能力,也可由水利部门按经验提出,且可能是动态变化的。

例如,对汶川映秀红椿沟、烧房沟入岷江和绵竹清平乡文家沟入绵远河,水利部门都曾提出一次泥石流输入泥沙不得超过 5 万 m³ 的控制目标。但 2011 年雨季,烧房沟一次泥石流固体物质入岷江不足 3 万 m³ 即堵岷江 2/3 且挑流威胁着映秀镇安全,控制目标据之修定为 2 万 m³,相应补强了沟内拦固工程。

调查既有公路桥涵的结构和过流能力,分析加大其过流能力的措施,并尽可能与公路改扩建相协调。桥涵的过流流速计算所采用的糙率系数,按是否铺底分别按天然沟道与铺底槽取值。

4.3.3.2 堵河判别

堵河判别可循流量和固体物质规模两种途径。根据流量判别是否堵河可试用下式[40]:

$$C_P = \ln \frac{Q_M}{Q_B} - 0.883(1-\cos\theta)^2 - 2.587\frac{\gamma_C}{\gamma_M} \quad (4.36)$$

式中 Q_M、Q_B——主河、泥石流的单宽流量;

θ——泥石流与主河的交角(°);

γ_C、γ_M——泥石流、主河水流的重度。

判别系数 C_P 小于 -8.572 即堵河。

根据正交入主河的三角形堰塞体堵河,所需最小泥石流总量 Q_c(m³)可用中科院山地所以下两经验式[16]估算。

对黏性泥石流:

$$Q_c = \left(\frac{1}{2\tan 14°} + \frac{1}{2\tan\varphi}\right) \cdot B \cdot H^2 \quad (4.37)$$

对稀性泥石流,水土分离:

$$Q_c = \frac{0.7\left(\dfrac{1}{2\tan 14°} + \dfrac{1}{2\tan\varphi}\right) \cdot B \cdot H^2}{C_v - P_s \cdot C_v} \quad (4.38)$$

式中 Q_c——堰塞所需泥石流最小体积(m^3);
  B——主河水面宽度(m);
  φ——堰塞土体内摩擦角(水下安息角)(°);
  H——主河水深(m);
  C_v——泥石流浆体泥沙比(小数);
  P_s——砂粒及以下土粒的重量比(小数)。

算例:1981-07-09 成昆铁路利子依达泥石流堵塞大渡河,河宽 120 m,水深 13 m,泥石流为黏性,按 $\varphi = 25°$,则按式(4.37)算得堵河所需泥石流体为 62 462 m^3,远小于此次泥石流输入的总量 85 万 m^3[16]。

但泥石流堆积扇有一定纵坡,且顺主河截面也不是严格的三角形,按式(4.37)、(4.38)所得 Q_c 值只是最小值,堵河评价趋于保守。尤其是滑坡堰塞体,纵坡更大,顺主河有一定顶宽,不宜用上述两式评估,具体参见附录 4.1.4。

溃坝流量 q_m(m^3/s)可用肖克利契经验公式计算[41]:

$$q_m = 0.9\left(\frac{B}{b}\right)^{0.25} \cdot b \cdot H_0^{1.5} \quad (4.39)$$

式中 B——堰塞坝全长(m);
  b——溃口宽度(m);
  H_0——溃坝前坝上游水深(m),具体可参见附录 4.1。

4.4 泥石流拦砂工程设计要点

4.4.1 拦砂工程类型

常见的有3类：拦砂坝、缝隙坝和谷坊群。

拦砂坝和谷坊群均为重力式圬工实体坝。拦砂坝功能以拦砂为主，较高大；谷坊群由多座谷坊坝组合成群，前谷坊回淤直至后谷坊脚，较低矮，功能以回淤压脚防冲刷揭底为主（图4.5）。当需对崩滑体回淤压脚使之稳定时，亦可采用拦砂坝或谷坊群（系）。拦砂坝和谷坊坝一般以有效高度5 m分界。

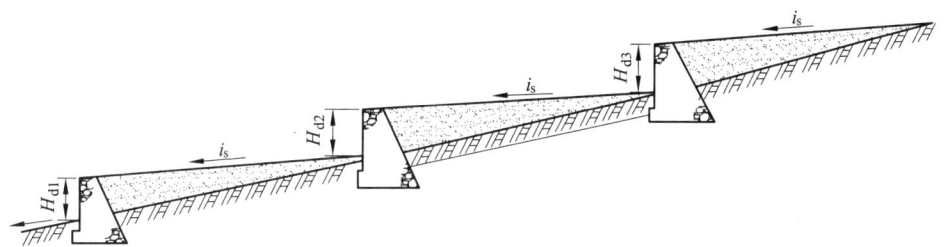

图4.5 梯级谷坊坝系示意图[42]

缝隙坝为拦粗排细的透过式坝，用于主河输沙能力较低、输沙粒径较小时，有格栅坝、梳齿坝、网格坝、钢绳网坝等。对于中高频泥石流，截拦一定次数泥石流后，坝的缝隙即可能被堵塞，难以继续发挥拦粗排细的作用，要重新复核拦沙规模与主河输沙能力是否满足要求。

对较小泥石流沟，用人工码砌大石形成的阶梯-深潭系统，可起到类似谷坊群的作用。其工程简易，但对较大泥石流尚不能奏效。崔鹏团队2009年6月在绵竹文家沟上游450 m长沟段中，码石筑成33级阶梯结构，阶高1~2.5 m，间距10~15 m，经受了2009年6月28日的43 mm大雨的考验，但在当年后几次超过90 mm的暴雨中，下半部阶梯被泥石流冲毁，上半部阶梯基本稳定，深潭被淤满[5]。

4.4.2 坝位与坝数

坝位应按地形地质条件进行选择，尽量选在上游纵坡缓的基岩锁口处，使坝短、库容大、坝基浅；谷坊坝位选于防揭底沟段，对崩滑体回淤压脚的拦砂坝应设于崩滑体下游边缘。坝一般不设于水力条件复杂的弯道处，坝轴线应尽量与沟道主流线垂直。

按拟设坝高、回淤坡度计算库容以及防揭底和侧蚀的固体物质量，按工程有效期内应拦固的固体物质总量确定应设坝的座数。拟设坝高可据坝高与拦固效益比的关系优选厘定，再按各坝拦固效益比从高到低逐一选定坝址，至满足应拦固的固体物质总量为止。

回淤面从溢流口底起算。库容计算中厘定回淤坡度是关键。回淤纵坡受多因素控制，经验值多为建坝前沟道纵坡的 1/2～3/4（稀性泥石流）和 0.5～0.9 倍（黏性泥石流），粒径较大者，建坝前沟道纵坡较缓、无常流水者，坝较低者以及有新近泥石流堆积者应选大值。回淤纵坡也可据现场调查，比照已建坝库的泥石流堆积纵坡来确定。

4.4.3 实体坝结构设计

4.4.3.1 坝体结构尺寸

（1）坝体材质。

一般采用浆砌圬工，此时浆砌质量至关重要。如浆砌坝体的砂浆不饱满，一次泥石流就可能将其冲毁。如果确难保证浆砌圬工施工质量或工期过紧，则可采用片石混凝土，甚至坝体采用素混凝土，强度等级最高为 C20。如自拌混凝土无条件，也可就近采用商品混凝土。

浆砌圬工要浆砌块、片石，不用卵、漂石。卵、漂石的表面光滑，与水泥砂浆的黏结力甚差，不得已而采用时也应将卵、漂石破解。彭州一坝自行改用浆砌卵石，遭村民投诉后被责令拆除重建。

坝体现浇混凝土施工应合理设计浇筑方案，连续浇注，避免出现施工缝。因故形成施工缝时要妥善冲洗并浇铺一层水泥砂浆后再行浇筑上层混凝土，否则坝体中会形成断缝，易被泥石流剪断，已有教训。

（2）总体结构（图4.6）。

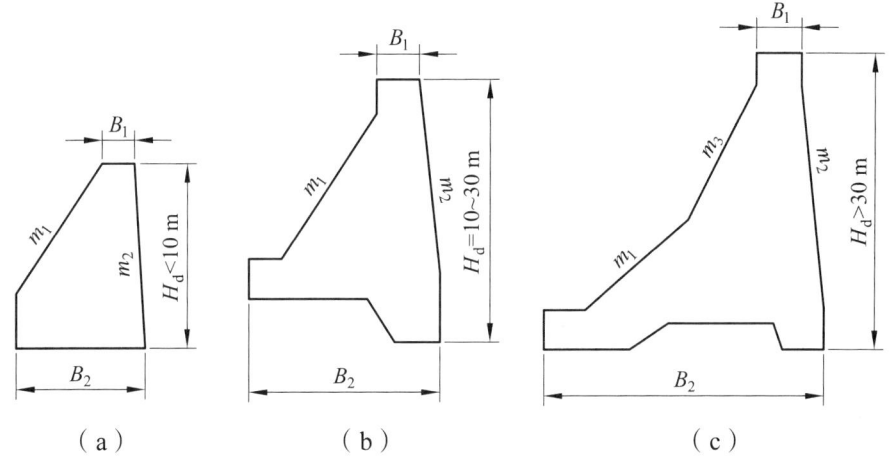

图 4.6　实体重力拦砂坝断面的基本形式[7]

按坝高初拟坝顶宽度（有效高度<10 m低坝为1.5 m~2 m）；坝的面坡陡（1∶0.05~1∶0.2），以防泥石流携石坠砸坝体；背坡缓（1∶0.4~1∶0.8）以增大泥石流体正压力，有利于坝体稳定；低坝的内外坡可偏陡。坝肩伸进坡体；坝底宽度约为0.7倍坝高。坝高增大则相应加大上述结构尺寸并放缓坝坡，内坡可折线形逐段向下放缓。

坝的基底面可顺应沟底面纵坡而设计为阶状，为抗滑可在坝底设坝踵和齿墙，齿墙应埋入冲刷坑以下至少1.0 m，如图4.6（b）所示。

坝基应力不高，低坝坝基在泥石流堆积层中埋深1.5~2.5 m；较高坝可埋入老堆积层中，但不应过深亦不一定嵌进基岩。

（3）坝下冲刷。

包括泥石流的流体冲刷和落石冲击。

泥石流流体过坝冲刷深度的计算公式较多，有利地格公式、肖克利契公式、伏谷伊一公式及柿德市公式[42]。伏谷伊一实验式综合考虑了床砂粒径、坝下流速、单宽流量等因素，所得冲刷深度 h 较合理，其式可简化为

$$h = 0.663 \frac{(v \cdot q)^{0.42}}{D_{90}^{0.2}} \tag{4.40}$$

式中 D_{90}——床质砂的标准粒径（mm）；

v——坝下流速（m/s）；

q——单宽流量（$m^3/(s \cdot m)$）。

泥石流落石冲击深度 H_s，铁路采用的计算公式为[43]

$$H_s = 0.815 \frac{\gamma_H H_d H_c}{[\delta_c]} \tag{4.41}$$

式中 γ_H——泥石流中落石比重（t/m^3）；

H_d——坝上下泥位差（m）；

H_c——泥深（m）；

$[\delta_c]$——坝下沟床质允许承载力（t/m^2）。

带有落石的泥石流过坝冲刷深度应为泥石流流体冲刷深度 h 与落石冲击深度 H_s 之和。

此外，"5·12"汶川地震震后 2009-8-13 特大山洪泥石流灾害的教训之一，是坝上游固体物源尚未起动形成泥石流，山洪因流速更大而对坝基冲刷更甚，酿至溃坝。如绵竹文家沟，上游 4 km² 汇集超过 100 m³/s 的洪水，冲刷中游巨厚的地震滑坡堆积体，致固床的 20 多座谷坊坝呈串糖葫芦状溃决，形成的灾害更大。在这种条件下，应按水流计算局部冲刷坑深度，加大坝的埋深。

对高含砂水流，局部冲刷坑深度 $H_局$（m）可用式（4.42）计算[13]：

$$H_局 = 3.9\sqrt{q\sqrt{z/d_{90}}} - h \qquad (4.42)$$

式中 q——单宽流量（m³/(s·m)）；
z——坝上下水位差（m）；
d_{90}——级配曲线上等于90%的颗粒直径（mm）；
h——坝下水深（m）。

4.4.3.2 坝基与坝肩

（1）坝基。

坝基础一般采用毛石混凝土的整体扩大基础，突变处用沉降缝断开；沟道纵坡较陡时，坝基面应设成台阶状，以减少基础工程量。

坝基持力层应分层进行承载力试验。深厚新近堆积承载力不满足要求时可用桩基础，或在基础板下设混凝土踵或趾以抗滑防冲，亦可灌浆加固地基。在粗大泥石流堆积中施工桩基较难，注浆的可行性也需论证，故应尽可能采用明挖以加深扩大基础。

桩基础应尽量设成嵌岩桩；如设摩擦桩，侧摩阻要有据选取；同时考虑钻孔壁涂抹折减，最好采用挖孔桩。根据桩基纵横向的沉降检算匹配桩径与桩长，避免差异沉降量超标；突变处设沉降缝。为便于施工，一般采用统一桩径。从溢流口向坝肩因坝体应力递减而逐段减小桩长，从坝趾至坝踵因坝体应力从最大值减小为最小值而逐排减小桩长，或加大桩的排距。桩顶承台不宜过厚，桩的排数以 2～3 排为宜。

震后泥石流频发，坝多建于有新近泥石流堆积的沟中，新近泥石流堆积层一般尚未完成自重沉降，因而会对桩基产生负摩阻，桩基工程会事倍功半。负摩阻力及深度参照《建筑桩基技术规范》

确定。如红椿沟的多座拦砂坝均设为桩基础，结构检算较合理，可资借鉴。

桩基础人工挖孔较难，机械成孔费用高，泥浆护壁会降低桩的侧摩阻，设计中应合理选择成桩类型与工艺。

（2）坝肩。

坝肩伸入基岩 0.5～1.0 m、土层 1.0～2.5 m 即可，不应过深或过浅，并尽量呈台阶状。坝肩顶面可向两端升高，保护坝肩处土体不受冲刷；临时开挖边坡，包括上、下游面的侧边坡，不应过高，坡率应合理。

坝轴线断面测绘要精细，不应因地形误差而使设计坝长不够，致使坝肩未伸进坡面，留有间隔，如彭州关沟 1#坝和清平王家沟拦砂坝。

为防土坡中坝肩遭冲蚀，可对坝肩上游毗连的一定长度土坡采用护面墙防冲。例如北川青宁沟主坝上游左侧岸坡受 2012-8-17 溃决山洪泥石流冲刷后向右岸挑流，直冲主坝右坝肩土坡，导致右坝肩大段被冲毁。

（3）沉降缝。

重力坝分段砌筑，溢流段用沉降缝与坝肩隔开。地基不均一时应在地层变化处设沉降缝。因坝的稳定性是按二维断面检算的，设沉降缝不会降低坝的稳定性使之不满足要求。

沉降缝间距为 15～20 m，常见问题为间距过大，且在溢流口两侧和坝基软硬交界处未留沉降缝。现已见未留沉降缝的坝体因不均匀沉降而产生羽状剪切裂缝。

4.4.3.3 溢流口与排水孔

（1）溢流口。

溢流口设为倒梯形，必要时可镶嵌两大小倒梯形形成复式溢流口，下部小口排常规洪流。口的宽、深要合理，过深则有效坝高过低，拦砂量小（如都江堰市灰窑沟石笼坝溢流口深 3 m，有效坝高才 2 m）；过宽则流速低，口的截面面积要增大。

对在工程有效期内不会淤满的坝，按过坝流量检算溢流口的过流能力。但对拦排结合进行治理的沟，一定年限后各坝可能全已淤满，此时溢流口所需过流能力不宜按因坝内沉沙后而有所减小的流量来衡量，而仍应按泥石流峰值流量来确定溢流段高度与截面，过流能力计算中的流速应按溢流口水深计算。

溢流口过流流速计算较复杂。一方面，计算流速的纵坡应按泥石流体的纵比降进行。原沟道纵坡较其要大，所得流速会偏大。另一方面，过口的糙率系数较原沟道要大，按原沟道糙率系数所得流速又会偏小。借用自由出流的堰流计算公式（4.43）计算流量 Q（m³/s）应较合理[13]。

$$Q = mB(2g)^{\frac{1}{2}}H_0^{\frac{3}{2}} \tag{4.43}$$

式中　　m——流量系数；

　　　　B——溢流口底宽（m）；

　　　　H_0——过口水深（m）。

对宽顶堰（$B>2.5$ 倍口深 H），当坝内坡比为 1∶0.5 时，m 的取值可按表 4.8 进行；对实用堰（$B<2.5H$），m 在 0.40~0.43 取值，也可按公式（4.44）计算[44]。

$$m = 0.403 + \frac{0.000\,7}{H_0} + \frac{0.253H_0}{P} \tag{4.44}$$

式中　　P——堰高（m）。

泥石流坝的溢流口宽度 B 一般均为深度 H 的 2.5 倍以上，多为宽顶堰。

表 4.8　宽顶堰流量系数 m 值

坝有效高度/溢流口深	1.0	2.0	4.0	6.0	8.0
m	0.355	0.349	0.345	0.344	0.343

（2）排水孔。

排水孔设于溢流坝段，不布于坝肩段下，也不要过大过密。圆孔和竖孔的底部易冲蚀，以方孔为好，交错布设。

北川青宁沟主坝排水孔改为圆涵管，是坝下护坦屡建屡损的原因之一；更有甚者，汶川高家沟在前后两座拦砂坝下部开设 4 m ×4.5 m 的泄洪洞，成为泥石流的通道，流速很大，造成坝下严重冲蚀和沟道的深切，必须封洞与修整。

排水孔单孔面积 0.4～0.8 m^2，宽/高为 0.6～0.8，孔的净横距为孔径的 4～5 倍且不大于 3 m，净竖距为孔径的 3～4 倍且不大于 2 m，总面积为溢流段下坝体面积的 5%～8%，过大过多有损坝的完整性[43]。较宽孔的顶板和较深孔的顶、底板可予加强，但两侧壁则无须加强。孔泄水面的纵坡率为 0.05～0.10。

4.4.3.4 坝的稳定性检算

据设沉降缝的二维坝体断面进行结构检算。按空库、半库、满库等工况进行抗滑、抗倾和坝身强度检算，一般以空库一次泥石流满库溢流为最危险工况（图 4.7）。

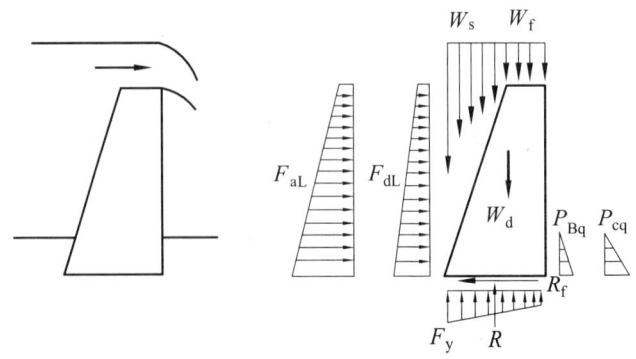

（a）空库时首次泥石流连续流满库过坝

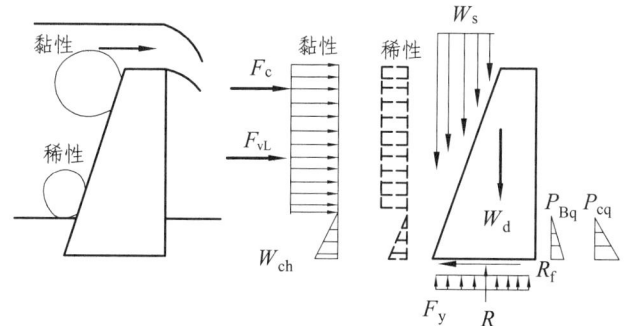

（b）空库时首阵泥石流满库过坝泥石流冲击

图 4.7 泥石流实体坝最不利荷载图[7]

坝体稳定系数满足相关规范的要求（抗滑 1.15，抗倾 1.30）即可，过大则应优化坝的截面。

坝的荷载组合如图 4.8[45]所示。

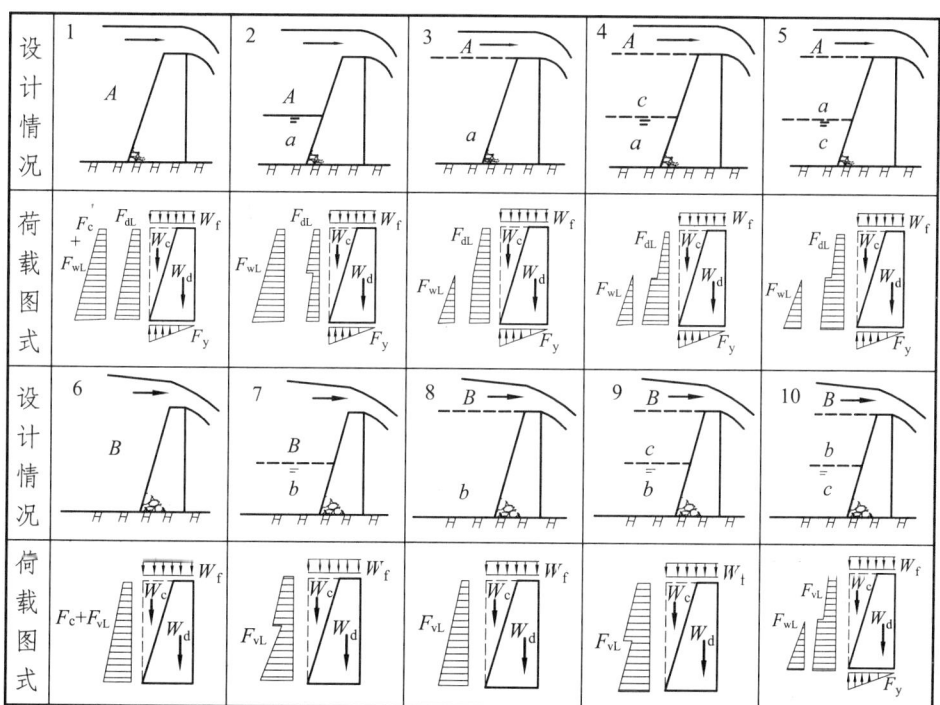

图 4.8 泥石流拦砂坝 10 种荷载组合图[45]

A—稀性泥石流；a—稀性泥石流堆积物；B—黏性泥石流；b—黏性泥石流堆积物；
c—非泥石流堆积物；1、6—空库；2、7—半满库；3、4、5、8、9、10—满库

(1)垂直力系。

坝体自重 W_d(kN);

上游坝斜面上泥石流重 W_s(kN);

坝顶溢流体重 W_f(kN);

水的扬压力 F_y(kN/m²);

坝底反力 R,及水平摩擦力 R_f 一般未计。

其中:

$$F_y = 0.5 K \gamma_w L \Delta H \quad (4.45)$$

式中 K——水头折减系数,据坝基渗透压力在 0~0.7 取值。合理选用 K 值是检算的关键之一,建议参照笔者归纳的岩溶水压力折减系数与渗透系数 k 对应关系[46],据持力层的 k 值(m/d)按表 4.9 取 K 值。拦砂坝多建于松散沟道堆积层上,K 应取 0.55~0.70。

L——坝底长(m)。

ΔH——坝上下游水位差(m)。

表 4.9 建议水头折减系数 K 取值表

持力土层类型	渗透系数 k 值(m/d)	建议水头折减系数 K
黏土	<0.01	<0.1
黏土与砂黏土	0.01~0.1	0.1~0.2
黏砂土与粉砂	0.1~1	0.2~0.35
中砂与细砂	1~10	0.35~0.55
粗砂与卵砾石	>10	>0.55

(2)水平力系。

坝后泥石水平侧压力 F_{dL}(按公式(4.46)计)及主动土压力 F'_{dL};

水的侧压力 F_{wL}(按公式(4.47)计);

泥石流浆体动压力 F_{vL};

冲击力 F_c(按式(4.29)计);

坝前被动土压力 P_{cq}，一般未计，坝基较深时可计 1/3；

坝前水的水平压力 P_{Bq}，一般未计。

其中：

$$F_{dL} = 0.5\gamma H^2 \tan^2(45° - \varphi/2) \tag{4.46}$$

式中　γ——对稀性泥石流为泥砂干容重 - (1 - 孔隙率) × 水容重，对黏性泥石流为泥石流容重；

　　　H——对稀性泥石流为堆积厚度，对黏性泥石流为泥深；

　　　φ——对稀性泥石流为泥砂内摩擦角，对黏性泥石流取 4°~10°。

$$F_{wL} = 0.5\gamma_w \cdot H_w^2 \tag{4.47}$$

式中　γ_w——水容重；

　　　H_w——水深。

（3）检算公式。

沿基础底面抗滑稳定系数：

$$K_c = \frac{f \cdot \sum W}{\sum Q} \geqslant [K_c] \tag{4.48}$$

抗倾覆稳定系数：

$$K_y = \frac{\sum M_X}{\sum M_0} \geqslant [K_y] \tag{4.49}$$

式中　f——基底摩擦系数；

　　　$\sum W$、$\sum Q$——垂直力、水平力之总和；

　　　$\sum M_X$、$\sum M_0$——抗倾覆力矩、倾覆力矩；

　　　$[K_c]$、$[K_y]$——抗滑、抗倾安全系数。

4.4.3.5　坝的应力检算

泥石流坝承受的是偏心荷载，最大应力 σ_{max} 在坝趾，最小应力 σ_{min} 在坝踵，以最大应力控制基础设计。基底应力一般是在满库过流工况下最大。

坝基持力层的承载力应在特征值的基础上按基础尺寸进行深宽修正,据修正后的允许承载力 σ_c 选择基础类型,即满足:

$$\sigma_{\min} = \frac{\sum W}{b}\left(1 - \frac{6e}{b}\right) \geqslant [0] \quad (4.50)$$

$$\sigma_{\max} = \frac{\sum W}{b}\left(1 + \frac{6e}{b}\right) \leqslant [\sigma_c] \quad (4.51)$$

式中 W——垂直分力;

　　　b——顺流向坝底长;

　　　e——偏心距。

深宽修正公式[47]为

$$f = f_k + \eta_b \cdot \gamma \cdot (b-3) + \eta_d \cdot \gamma_0 \cdot (d-0.5) \quad (4.52)$$

式中 f、f_k——地基承载力的设计值与标准值;

　　　η_b、η_d——基础宽度和埋深的地基承载力修正系数,对泥石流坝,一般取 $\eta_b = 3.0$,$\eta_d = 4.4$;

　　　γ、γ_0——坝底以下土的重度和坝底以上土的加权平均重度($= \rho/g$),泥石流坝基一般在水下,应取有效重度;

　　　b——坝基宽度,大于 6 m 按 6 m 计;

　　　d——坝基埋深,从沟底面起算。

由于泥石流坝承受的是恒偏心荷载,且为异形基础,深宽修正后,不能按《建筑地基设计规范》将修正后的允许承载力再乘以 1.2 的系数,而应满足《水工设计手册》要求,即修正后的允许承载力应不小于坝趾处的最大应力[42]。

4.4.3.6 坝下消能防冲工程

坝下冲蚀是普遍又严重的问题。北川青宁沟主坝下 2010 年掏蚀 8 m 深,后重建钢轨排护坦,2011 年又被砸毁;后又重铺 8 mm

厚钢板，2012年也被砸弯冲毁。屡败屡战，2013年拟再增设副坝回淤防冲。

坝下消能防冲工程有：在坝下冲刷段设护坦及垂裙；在坝下冲刷坑外设潜槛；在坝下游设副坝或谷坊坝回淤防冲。护坦、副坝可分别使用也可同时使用，个别副坝较高者亦可在副坝坝下增设次级护坦。

副坝的结构要简易、低矮，一般不设溢流口。坝高以回淤至主坝脚的厚度为总水头的 1/10 为度，一般取主坝有效高度的 1/4～1/3。

对于低频泥石流，短期内难以在坝下回淤防冲，副坝发挥不了功效，以设护坦为上。

4.4.3.7 坝下护坦设计

（1）结构设计。

护坦长度或主副坝间距离应等于冲刷坑外缘与坝的距离 L_s。L_s 与过坝泥深、流速和坝高相关，但计算公式尚不成熟，多按经验取坝高的 1.0～2.0 倍，坝较高时取较低值；也可按安格荷尔兹公式（4.53）试算[43]。

$$L_s = (v + \sqrt{2gH_c}) \times \sqrt{\frac{2h_c}{g}} + H_c \quad (4.53)$$

式中　v——过坝流速；

　　　H_c——过坝泥深；

　　　h_c——有效坝高。

护坦的宽度与溢流口对应或稍宽，厚度一般取 0.5～1.0 m，必要时采用片石混凝土，并辅以较深的垂裙防冲蚀悬空。护坦纵坡应顺应原沟道，较陡时则可设为阶状；垂裙较高时也可设为阶状。当护坦较窄或两岸坡松散时，可在两侧设导流翼墙（堤）以束流，墙高逐渐向下游降低。

（2）落石坠击。

保证护坦的厚度和质量是关键，护坦结构也有待改进。落石坠击是护坦损毁的另一主要原因，应按冲刷和坠击叠加来检算护坦的厚度和强度，但计算均不够成熟。除可按式（4.41）计算外，对泥石流体过坝射流至护坦的流速 v（m/s）还建议按基于自由落体原理，用公式（4.54）试算；进而据此 v 按有关落石公式（见附录 3.2 之 2、3）计算坠石冲击力和冲击深度。

$$v=(\sqrt{2gH}+v_0)\cos\theta \tag{4.54}$$

式中　H——溢流口泥面至坝下冲刷点的高差（m）；

　　　v_0——泥石流过坝流速（m/s）；

　　　θ——过坝射流与护坦面的夹角（°），约为 60°。

（3）铺石防冲。

护坦厚度和强度不足时应予加强或加层，如 2010-8-13 后开始在较高坝下的圬工护坦之上再铺巨石层防冲击，但仍防不胜防。后又拟加废旧轮胎，如都江堰市关凤沟，但是由于对巨石层的起动流速和抗坠石冲击的检算尚不充分，难以厘定块径与级配，废旧轮胎防坠石冲击的效果尚待检验[48]。

石块的起动粒径 D（m）可试用以下简化公式[49]估计：

$$D=\frac{0.020\,2v^2}{\cos\alpha} \tag{4.55}$$

式中　v——流速（m/s）；

　　　α——纵坡坡度（°）。

式（4.55）未考虑水深的影响，相对于式（4.3）和（4.4）不够全面。对一般泥石流沟的水深，该式可对粒径大于 0.5 m 的大石块起动流速进行简易估计。

护坦末端的垂裙要有足够埋深，应在计算的冲刷深度值上再加一定的安全储备。垂裙冲毁常牵坍护坦，成为工程初验中常见的整改问题。如护坦上加铺巨石层，则应升高垂裙，形成挡石之端墙。

4.4.4 透过性坝结构设计[7, 42]

常用的透过性坝为缝隙坝和柔性网格坝，已开始用桩林坝与拱承坝。

4.4.4.1 缝隙坝

缝隙坝常设于地基坚实、坝址相对开阔处。坝高以 10~15 m 为宜，不超过 20 m。坝体可分期实施，逐次安装加高。

缝隙坝坝型众多，名称也不统一，主要有格栅坝、梳齿坝[50]、筛子坝等（图 4.9）。格栅坝视坝高不同而结构有别：≤5 m 坝多用横向梁式格栅；5~10 m 坝多用分层竖向格栅；≥10 m 坝采用竖向缝隙与孔洞混合式格栅。

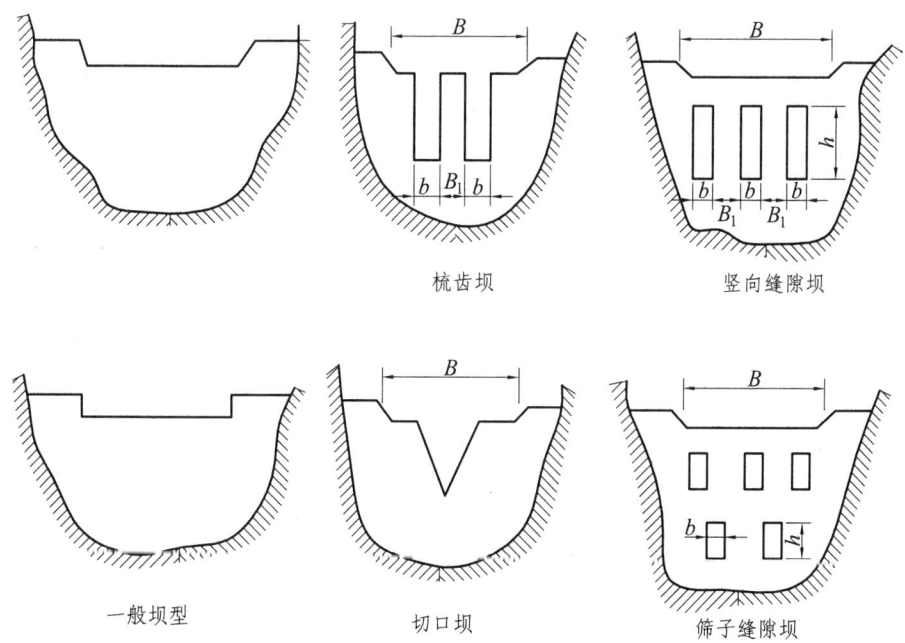

图 4.9 泥石流缝隙坝示意图[6]

据最大粒径 D_m 进行缝隙设计，平面格栅缝宽 b_1 取 D_m 之短

径或 d_{90}；立体格栅缝宽 b_2 取（1.5～2.0）d_{90}，或取 D_m 长径。缝的总宽度 $\sum b$ 为 0.2～0.7 倍溢流段宽 B，一般 $\sum b/B$ 取 0.4～0.45，0.4 倍时效果最佳。缝深 h 一般取 1.5～5.0 m 且 $h/b=3$～10。

由多座缝隙坝组成的坝群，其格栅缝宽应从最上坝向最下坝逐坝减小，排泄的固体物质粒径逐坝变细，每级坝的缝宽按拟拦粒径的 1.5～2.0 倍设计。

有的经验表明，对格栅坝、梳齿坝、筛子坝、网格坝、桩林坝，其不堵塞的缝宽 b 还有区别，各坝型的 b/D_m 分别为 1.8、1.9、2.0、2.1、2.2，缝宽比前述要求还大。

结构检算中可考虑孔缝对水平水压力的折减，但方法尚不成熟。

4.4.4.2 柔性网格坝（图 4.10）

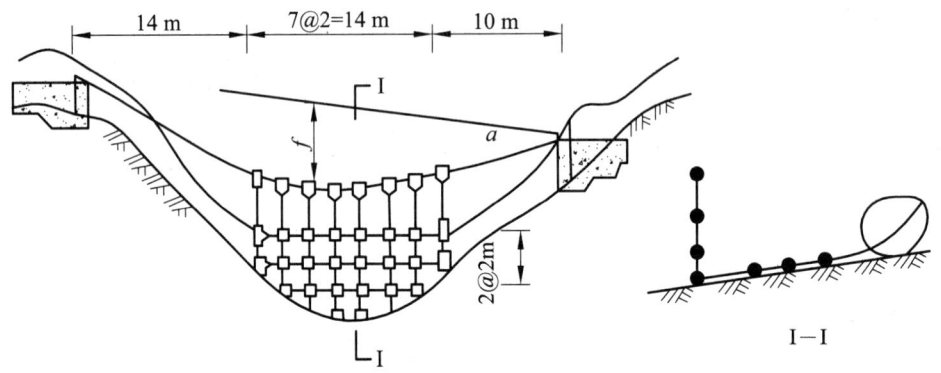

图 4.10 钢索网格坝示意图[7]

柔性网格坝类似于后述柔性防护栅栏，尤其适用于汶川地震区。其设于基岩峡谷且沟道顺直段，坝高以 5～8 m 为宜，不超过 10 m。坝以吊索为经、横索为纬编成方格网，吊索顶端悬吊在主索上，主索紧固于两岸山体并埋入圬工锚墩中；吊索底端斜铺在沟床上，并用拉索系于上游沟床巨石上；整平沟底后将下部拖网埋入沟底，埋长为 1.5～2.0 倍坝高。

各索采用高强度钢丝绳或钢绞线，索间节点连接类型有铰、连杆、螺、夹具等。

坝为三维筅状体，要进行空间受力分析。其主要设计荷载为库内淤积土的侧压力与泥石流冲击力，并注意流木阻塞产生的水平推力。主索承重安全系数取 3~5。

4.4.5 桩林坝与拱承坝

桩林坝用于固体物质巨大且无筑坝条件的泥石流沟，可筑钢管桩（或人字撑）、钢筋混凝土桩林拦石，至少两排，形成连锁停淤。桩净间距 $b = (2.0~2.5)D$（D 为设计拦停的最大粒径），外露桩高 $(2~4)b$，埋深不小于桩长的 1/3。桩身采用钢轨、圆形钢管、工字钢或槽钢组合而成[42]。

汶川地震区坡体普遍崩滑，众多粒径巨大的物质滚入坡面冲沟中。这些冲沟沟道陡峭狭窄，出口远离主沟，紧接洪积扇，扇上为民居与耕地，对可能形成的泥石流无筑坝拦截或排导入主沟的条件，将有严重危害，因此可在沟内或扇顶试用桩林拦截。

此外，走马岭沟 5#支沟高坝因坝基松散堆积过深，坝体中设钢筋混凝土桩并加深为桩基础；文家沟 1#拦砂坝用钢筋混凝土桩林连体浇注为缝隙坝，均有新意。

李德基等在金川八步里沟设计的鹦哥嘴拦砂坝，采用拱基支承的圬工重力坝（图 4.11），直接用钢筋混凝土拱跨沟承重，克服了基础开挖和导流排水的困难，且节省了工程费用，1983 年建成后运行正常[51]。

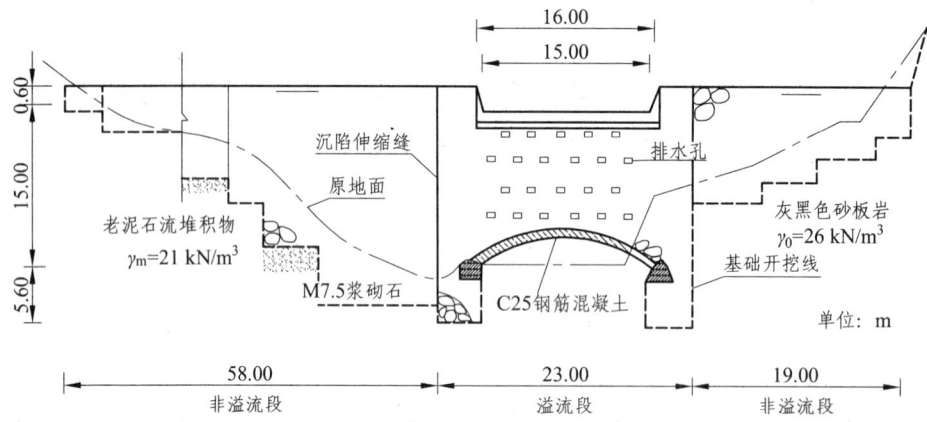

图 4.11 鹦哥嘴拱基组合式圬工重力坝立面图[51]

4.4.6 泥石流柔性防护栅栏[52]

高强被动柔性防护网可作为新型钢绳网坝用以拦阻泥石流，美国于 1994 年试用，2002 年布鲁克（日本）公司开发出 Tabata 泥石流防护系统。现限用于沟宽 $b<30$ m、最大流速 5~6 m/s 的中小型泥石流沟。

高强被动柔性防护栅栏分为 3 种形式（图 4.12）：

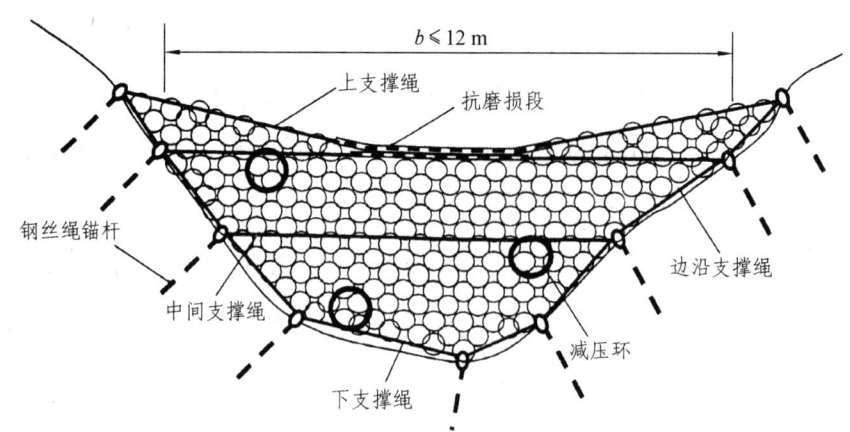

（a）VX 型泥石流栅栏结构示意图

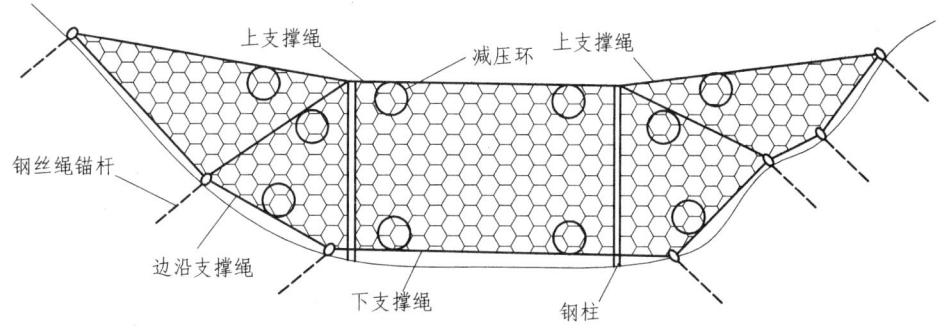

（b）UX 型泥石流栅栏结构示意图

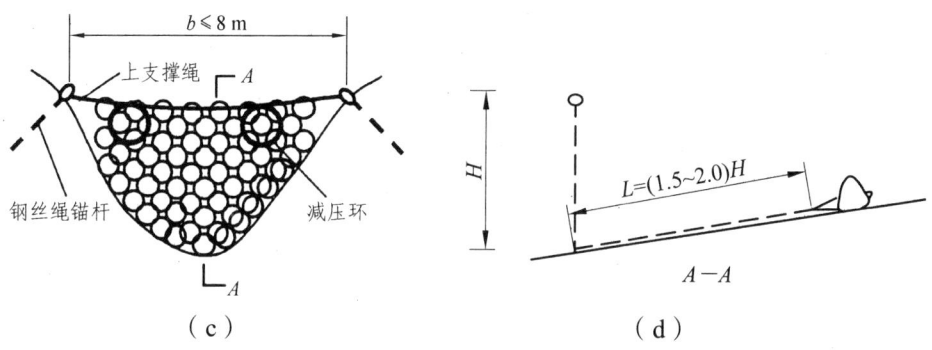

（c）　　　　　　　　　（d）

图 4.12　悬挂式泥石流栅栏结构示意图[49]

（1）当 $b \leqslant 8\text{ m}$ 时，采用仅两侧设钢丝绳锚杆的悬挂式栅栏，同时在上游 1.5～2.0 栅高范围内敷设柔性网防揭底（图 4.12（c）、（d））。

（2）当 $b \leqslant 12\text{ m}$ 时，采用两侧设钢丝绳锚杆悬挂、沟底设放射状钢丝绳锚杆固定的 VX 型（图 4.12（a））。

（3）当 $b > 12\text{ m}$ 时，由于沟底较宽，采用在 VX 型的基础上于沟中增立钢桩的 UX 型（图 4.12（b））。

国内在震前也有试用[53]。震后汶川地震区接纳崩滑粗大物质的坡面冲沟，可能形成泥石流，但因沟道陡峭狭窄，无筑坝拦截或排导入主沟的条件，可在沟内试用高强被动柔性防护网拦截。

4.4.7 坝的优化设计

试设坝的结构，经检算如过于安全，即稳定性偏高或基底承载力偏大，则应优化坝的截面和埋深，直至安全度等于或稍大于规范要求为止。

优化坝的截面包括：减小坝顶宽度和坝体厚度；加陡坝体内、外坡，将溢流口深度的坝体改为垂直坡。减小坝体截面后，坝基应力会相应加大，应重新计算坝基应力，检算基底承载力是否还满足要求。

对每座坝，计算不同坝高时的造价与拦固物源量，得不同坝高的效益比（拦固单位物源的费用），按效益比最大的坝高作为最优坝高。

分别计算各坝的造价与拦固物源量，据之得各坝的效益比，取消或降低低效益比的坝，增高高效益比的坝。

4.5　泥石流排导槽设计要点

4.5.1　平、纵、断面设计

4.5.1.1　平、纵面

排导槽平面尽量顺直，有转角时应圆顺化并避免拆迁工程；断面按过坝后泥石流流量控制，但坝可被淤满者仍按峰值流量控制，调整深宽比，与纵坡进行组合，分段与过流能力匹配。

据实际按经验法、类比法或试验选择合理纵坡，尽量不淤不冲。排导槽比流通段沟道截面加深收窄且糙率变小，可使流速增大，不淤纵坡变缓。比照流通段沟道截面，铺底槽的不淤纵坡为流通段沟床纵坡的 75%～85%。

据陈宁生和甘肃经验，合理纵坡的经验值是[54]：稀性 3%～

7%或10%,黏性5%~18%,流体重度大则取其中大值。必要时分段变坡以避免冲、淤和大填大挖。上述经验值区间较大,不易取值。对含粗颗粒的泥石流,可试用游勇经试验得出的最小不淤纵坡 J 的如下经验式[55]:

$$J = 0.062 + 0.11 \frac{\gamma_c}{\gamma_s} \quad (4.56)$$

式中 γ_c、γ_s——泥石流容重与固体物质容重。

设 γ_s 为 27 kN/m³,γ_c 为 13 kN/m³、18 kN/m³、24 kN/m³,则据式(4.56)算得 J = 11.5%、13.5%、16.0%,此值与经验值相比,对稀性泥石流偏高,对黏性泥石流取值范围偏窄。

4.5.1.2 断　面

排导槽断面形式甚多,有梯形、矩形、三角形、弧底形,稀性泥石流以较窄深为宜,黏性泥石流以梯形、矩形为宜;低频时可为梯形复式断面,底部窄槽用于排洪水(图4.13)。

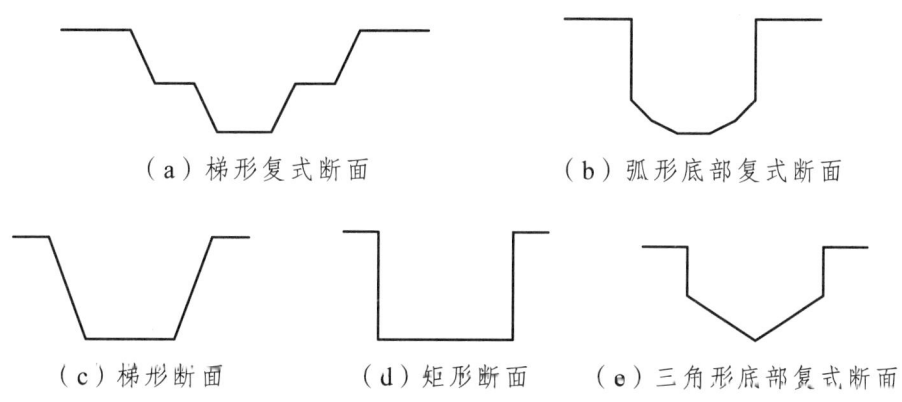

(a)梯形复式断面　　(b)弧形底部复式断面

(c)梯形断面　　(d)矩形断面　　(e)三角形底部复式断面

图 4.13　排导槽横断面形式[42]

据游勇推导,当 1:m 边坡的边坡系数 m 不大于 4/3 时,以梯形断面最优;m 大于 4/3 时,以三角形复式断面最优(m = 3.33~10)[56]。

槽深 = 泥石流泥深 + 常年淤积高度 + 弯道超高 + 安全高（0.5~1.0 m）

槽的宽/深一般取 2~6，笔者推导出槽过流断面的水力最佳宽/深为 2，此时相同过流断面的水力半径最大，从而流速与过流能力最大。

推导：设矩形槽过流断面的底宽为 B，水深为 h，则湿周

$$L = B + 2h$$

由

$$B = L - 2h$$

得水力半径

$$R = \frac{hB}{L} = \frac{h(L-2h)}{L} = h - \frac{2h^2}{L}$$

对之取一阶导数并令导数为 0 可得最佳水力半径。由

$$(h - 2h^2/L)' = 1 - \frac{4h}{L} = 0$$

得

$$h = \frac{L}{4}$$

即

$$B = 2h$$

结合流通段沟床特征，西南铁科所有经验：

槽设计宽度 $B \leq$ 流通段沟道宽度 ×

（流通段沟床纵坡/槽设计纵坡）$^\alpha$

稀性泥石流 α 取 2.0，黏性泥石流 α 取 2.3，且槽底宽度不小于（2.0~3.0）倍最大粒径。

排导槽中的泥深 H_c，昆明铁路局结合流通段沟床特征有以下估算公式：

对稀性泥石流：

$$H_c \geqslant \left(\frac{n_1}{n_c}\right)^{1.5} \cdot \left(\frac{I_1}{I_c}\right)^{0.75} \cdot H_1 \text{（小型铺底槽）} \qquad (4.57)$$

$$H_c \geqslant \left(\frac{I_1}{I_c}\right)^{0.75} \cdot H_1 \text{（无铺底大型槽）} \qquad (4.58)$$

对黏性泥石流：

$$H_c \geqslant \left(\frac{K_1}{K_c}\right)^{1.5} \cdot \left(\frac{I_1}{I_c}\right)^{0.3} \cdot H_1 \text{（小型槽）} \qquad (4.59)$$

$$H_c \geqslant \left(\frac{I_1}{I_c}\right)^{0.3} \cdot H_1 \text{（大型槽）} \qquad (4.60)$$

式中　n_1、n_c——流通区、排导槽的糙率系数；
　　　I_1、I_c——流通区、排导槽的纵坡；
　　　K_1、K_c——流通区、排导槽的流速系数；
　　　H_1——流通区的泥深（m）。

4.5.1.3　特殊段的处理

做好进、出口段衔接和变坡处消能处理以及过既有桥涵的处理。

进口段与坝衔接并做八字堤导流，或采用设导向潜坝、引流导流堤等入流防护措施，收缩角不大于25°（稀性）、15°（黏性）。出口向主河下游交汇（30~60°），做成喇叭口并加大纵坡（>8%），出口尾部做防冲处理。

变纵坡处、陡降段做好消能处理;过既有桥涵时可采用加大流速的措施,避免改扩建。

4.5.2 结构设计

4.5.2.1 边　墙

厘定墙高的泥石流泥位应通过迭代计算得出,即先据经验假定一流速值,再与峰值流量结合确定出截面面积与泥位,据此泥位计算水力半径,据水力半径、纵坡和糙率系数计算流速,如此反复迭代,直至所得流速与输入流速相一致,此时的泥位才为所求。

槽底无坞工时,边墙据泥石流冲击力与土压力两种工况分别按挡土墙检算,按控制工况进行结构设计,结构的安全性适中即可。墙背回填土尽量与槽底挖方相平衡,不全高回填,按实际填土高的土压力进行检算。

坞工铺底或有防冲肋时,边墙底平齐或略深于铺底层即可,并应以坞工顶为支点进行墙的稳定性检算,以抗倾控制,优化结构。

4.5.2.2 凹岸加高

弯道凹岸加高计算按水山高久实验公式[57]:

$$\Delta h = a \cdot \frac{B \cdot V_c^2}{R \cdot g} \quad (4.61)$$

式中　$a>1$,与 R/B 有关,最高可达 10;当 $R/B = 5$ 时 $a = 1.65$;现多偏于安全取 2.0。

或用理论公式:

$$\Delta h = 2.3 \frac{V_c^2}{g} \lg \frac{R_2}{R_1} \quad (4.62)$$

式中 R_2、R_1、R——凹岸、凸岸、沟道中心线的曲率半径（m）；

V_c——泥石流流速（m/s）；

B——泥石流表面宽度（m）。

对典型的圆弧形沟道，上述两式所得结果极为相近，在 $R=17B$ 时结果相同，在 $R=5B$、$R=50B$ 时，式（4.62）的结果分别比式（4.61）大 1.25%、小 0.1%。

凹岸加高向上下游应有过渡段，但也不能过长，过渡段的长度为（0.5～1.0）倍弯道长（如都江堰市干沟，凹岸下游约 200 m 长直线段也全加高）；更不能在凸岸加高（如盐源骡马铺沟凹岸未加高，反而在凸岸加高）。

4.5.2.3 槽 底

按实际调查和计算流速确定防冲、防淤措施。

防冲可铺底或设防冲肋。防淤可合理加大槽的深宽比以加大泥深，或做成 V 形槽，亦可铺底减小糙率，均可加大流速。

据槽底工程可将排导槽分为：槽底全铺砌的铺底槽；进一步加大流速的尖底 V 形槽；槽底间隔设防冲肋槛的肋底槽；不设固底工程的软底槽；既铺底又嵌肋槛的防冲槽（图 4.14）[58]。

铺底槽按容许流速控制冲刷，容许流速采用断面平均流速，故与水深有关，水深愈大则容许流速愈大。当水深为 1 m 时，浆砌圬工的容许流速为 6～8 m/s，C15～C20 混凝土为 7～8 m/s，钢筋混凝土为 10 m/s[13]。各种铺砌在不同水深时的容许流速如表 4.10 所列。由此可知加大铺底厚度、提高圬工强度等级与石材硬度、布设钢筋，均可提高容许流速。

平底槽要求找平基底，等厚铺设，表面光洁。

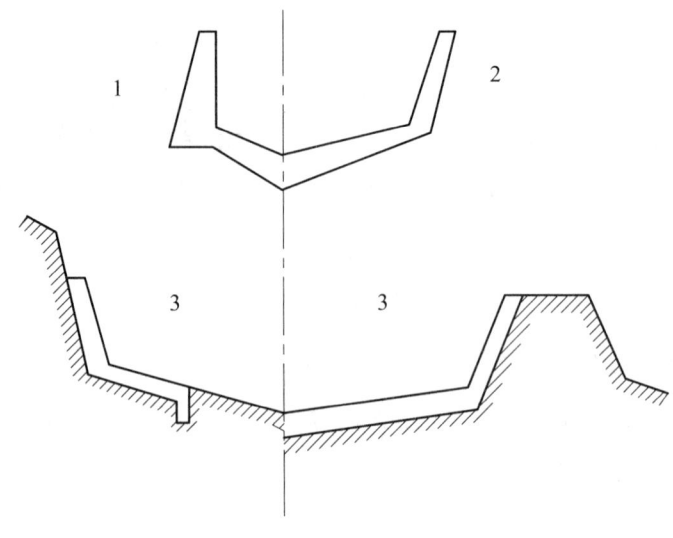

（a）排导槽断面形式

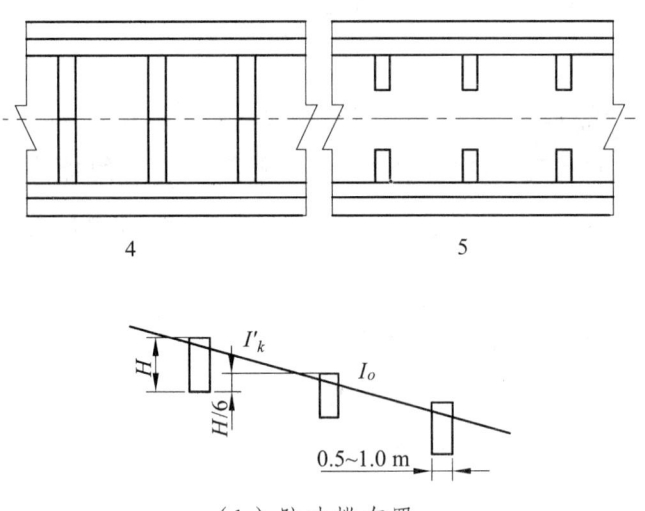

（b）防冲槛布置

图 4.14 排导槽断面形式及防冲槛布置图[21]

1—小型尖底槽断面；2—中型尖底槽断面；3—大型肋底槽断面；
4—防冲肋槛平面；5—防冲刺槛平面；6—防冲槛纵面

表 4.10 各种铺砌在不同水深时的容许流速（m/s）[13]

加固类型		平均水深（m）		
		0.4	1.0	2.0
干砌片石	厚 25 cm	3.5	4.0	—
	厚 30 cm	4.0	4.5	—
厚 35 cm M5	浆砌片石	5.0	6.0	—
	浆砌坚硬片石	6.5	8.0	—
底面粗糙 C15 混凝土沟槽		—	8.0	—
混凝土护面	C20 号混凝土	6.5	8.0	9.0
	C15 号混凝土	6.0	7.0	8.0
	C10 号混凝土	5.0	6.0	7.0
钢筋混凝土涵洞		—	10.0	—

肋槛具防冲、减势之功能，长度在中段不贯通的刺槛用于边墙防冲并利于水中生物顺沟浮游。肋槛一般为矩形，肋厚 1.0 m，全高 2.5～4.0 m，高于沟床 0.5～1.5 m；肋下游侧易冲刷悬空，其埋深据冲刷检算并考虑安全值加以确定，且一般不小于肋高的 1/2，以 1.5～2.5 为宜；间距 L = 净高/[(0.5～0.75)×槽纵坡]，经验值不小于 10 m；溢流面用石料或钢筋混凝土作防磨层，肋两端要与边堤密接。

软底槽的边墙局部冲刷深度计算同防护堤（见 4.6.3）。防冲肋下的局部冲刷深度计算同拦砂坝的公式（4.40）、（4.42）。肋槛冲刷深度 Δ 也可试用崔鹏团队公式[5]：

$$\Delta = \phi \cdot (1-n) \cdot i_c \cdot L \tag{4.63}$$

式中　ϕ——能耗系数：

$$\phi = \frac{i_0 \cdot L + h_i}{i_c \cdot L}$$

n——坡率折减系数，$n = \dfrac{i_0}{i_c}$，取 0.50～0.55。

i_0、i_c——淤积纵坡、沟道纵坡坡率。

L——肋槛间距。

h_i——肋槛能耗。

$$h_i = \left(\frac{S_1}{S_2} - 1\right)^2 \cdot \frac{\alpha \cdot v^2}{2g} \cdot \gamma_c$$

其中：S_1、S_2——槛上、下游过流面积；

v——设计流速；

α——修正系数，取 1.05～1.10。

4.5.3 V 形槽

王继康设计并率先在云南使用 V 形铺底排导槽[59]。

槽底为 V 形，形成三维束流，增大了泥石流流速。断面形式有斜边墙形、直边墙形、底部复式 V 形和上下复式 V 形（图 4.15）[60]。

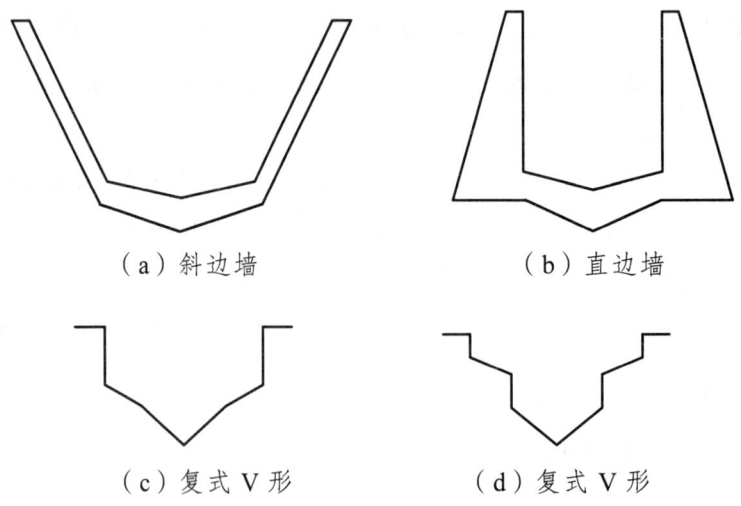

(a) 斜边墙　　　　　　(b) 直边墙

(c) 复式 V 形　　　　　(d) 复式 V 形

图 4.15　V 形排导槽横断面类型[42]

V 形槽综合坡度：

$$i_V = (i_{纵}^2 + i_{横}^2)^{\frac{1}{2}} \tag{4.64}$$

将 i_V 代入流速公式计算泥石流流速。

据成昆铁路及川滇经验值：350‰ ≥ i_V ≥ 200‰，$i_{纵}$ = 10‰ ~ 350‰，$i_{横}$ = 1∶3 ~ 1∶10；深宽比 1∶1 ~ 1∶3。最佳水力条件仅与边坡系数 m 相关，有：

$$\frac{h_1}{h_2} = \sqrt{1+m^2} - 1 \tag{4.65}$$

式中 h_1——槽上部矩形断面的水深；

h_2——槽下部三角形断面的最大水深。

当 m = 3.0、10.0 时，最佳 h_1/h_2 = 2.16、9.05。

V形槽的尖底处流速最大，磨蚀最强，冲毁时有发生，因此铺底应中厚边薄。前人经验：当流速 v_c < 8 m/s、8 ~ 12 m/s、≥ 12 m/s 时，槽心铺厚分别为 0.6 m、0.8 m、1.0 m，边墙顶宽分别为 0.5、0.6、0.7 m；槽心磨蚀严重，要在槽心 0.4 倍槽宽范围内用坚石、混凝土、钢纤维混凝土或钢筋混凝土护面，不同流速段的厚度分别为 0.0 m、0.2 m、0.3 m。

4.5.4 石 笼

在 2010-8-13 后的泥石流抢险工程中，开始采用钢筋石笼。

为防新近堆积体的沉降影响，抢险工程的排导槽多未用圬工铺底，而改用防冲肋槛，且肋槛和边墙均不用圬工砌筑，而采用钢筋石笼，以适应可能产生的不均匀沉降，如红椿沟。

对新近堆积体中纵坡甚陡的固床护坡工程，如在文家沟中游的"5·12"地震滑坡堆积体中，阶梯状固底消能工程也采用了钢筋石笼。

钢筋石笼工效高，适用于抢险；具柔性，适用于新近堆积体的地基。但其造价高，钢筋的永久性防腐问题也有待解决。按露天钢筋年锈蚀厚度不小于 0.1 mm 的经验值估算，钢筋石笼作为永久性工程令人堪忧。

鉴于石笼的钢筋锈蚀严重，开始采用防腐的格宾石笼代替钢筋石笼。格宾轻便，对运输困难沟段的固床工程更为适用，但其费用仍较高。要合理选用格宾的类型，作为坝下防冲层时其抗砸能力尚待验证。

4.6 其他泥石流防治工程措施

4.6.1 固坡工程

加固崩塌滑坡体，使之不入沟为泥石流提供固体物源，理论上是防治泥石流的有效措施。但直接加固崩塌滑坡体，工程巨大、施工困难，治坡的效益不如治沟，故以往一般不予采用，而多在紧邻崩滑体沟段设坝或谷坊群回淤反压。

防止崩滑体入沟堵溃是治理泥石流的重点，当有崩滑堵沟溃决危险而又无条件设坝回淤压脚时，须采用防崩塌滑坡的相应工程措施。

地震诱发的崩滑体松散，多因前缘遭沟水下切侧蚀而崩滑入沟，可能发生堵溃，因此要求采用抗滑固坡措施的呼声日高。一般在现状基本稳定的崩滑体前缘设防护墙、堤或石笼防冲蚀，以免导致失稳坍塌；对崩滑体不够稳定者，也可考虑设抗滑支挡工程，但应辅以上游的归流措施，避免从支挡工程后冲空。

如在映秀烧房沟，在与大滑坡堆积体相邻的主、支沟岸段均设桩板墙防冲稳坡，但完工后山洪仍绕过归流堤冲入桩板墙内侧，掏蚀滑坡脚和桩基土，迅即强化归流工程并用土袋回填桩板墙后深槽，才得以安全度汛。

4.6.2 水沙分流与引水冲沙

在泥石流流域清水区筑坝、修渠或凿泄水洞将泥石流流域的洪水引入相邻非泥石流沟或本流域非泥石流支沟或主河，或在泥石流沟中筑水库削减洪峰，都可起到水沙分流、削减泥石流规模的作用。

例如，频发矿渣泥石流的石棉大洪沟，在中游凿隧洞将洪水排向相邻无矿渣的非泥石流沟，泥石流规模与危害剧减。西昌黑沙河筑库容仅 65.5 万 m^3 的水库，就将百年一遇洪峰流量由 110 m^3/s 削减为 33.9 m^3/s，削峰 2/3[61]。汶川杨柏沟常年洪水都淹淤沟口扇上民房，新建排导槽因受大段民房挟持致其过流能力仍不足，遂采纳谭炳炎教授的意见加高上游 1 号坝，增大库容 10 多万 m^3，兼起拦砂和削峰的双重功能，但削峰效果尚待检验。

水沙分流工程设计要强调入流通畅，要在入流前设拦砂工程和沉砂工程避免淤堵入口，设导流工程顺畅引水入洞，同时还要避免出流冲刷造成次生灾害。

例如，对绵竹文家沟泥石流，经反复论证，最终在上游采用了过流能力超过 100 m^3/s 的泄水洞分流并在入洞前辅以两座坝拦砂的方案，将一半汇水面积的洪水由隧洞泄往下游非泥石流的 1#支沟，避免了中游段巨厚滑坡堆积体被下切侧蚀形成大规模泥石流。隧洞施工按隧道规范的要求，虽出现了掘进台车简易、独头掘进、超挖超标、初期支护未紧跟、监测不尽到位、二次衬砌延迟等问题，但仍抢在 2011 雨期前达基本泄洪条件，并成功过流，遏止了泥石流暴发，初显效果。

金川八步里沟于大寨子支沟截水引入另一支沟，控制了体积 28 万 m^3 的滑坡活动，与文家沟异曲同工[62]。

此外,在特殊条件下,可对堆积扇引水冲沙,代替排导槽输泥石流入主河。例如,1975年后西昌新华村自百桃河引水到羲农河堆积扇,冲走砂石,形成人工流通区,沟中堆积厚度一直保持在 2.5 m 左右,铁路桥下至今未淤高,泥石流仍能自由宣泄[7]。

4.6.3 导流-防护堤

对于仅单侧有保护对象的沟岸,可设堤导流-护岸,而不做排导槽。导流堤可为圬工堤或护面土堤;防护堤用圬工砌筑,一般为重力式,必要时设为悬臂式或扶壁式。圬工堤按挡土墙设计与检算,土压力按堤后回填高度计算;泥石流正冲或斜冲时按冲击力+水压力与土压力分别检算。护面土堤按圆弧形滑动检算。

4.6.3.1 圬工堤

圬工堤结构类似于挡土墙,不要过厚。堤后不要刻意回填,以挖作填即可。堤后不回填时,按泥石流冲击力+流体压力控制结构设计,并可不留泄水孔。

堤顶要高于设计泥位 0.5 m 以上,凹岸还要加高;堤底要深过冲刷线 0.5 m 以上;纵坡较陡时基底做成台阶状。

$$沟床以上堤高 = 泥石流泥位高 + 冲起高 + 弯道超高 + \\ 安全高(0.5 \sim 1.0\ m) \quad (4.66)$$

堤顶宽度:一般为钢筋混凝土 0.3~0.4 m,混凝土 0.5 m,块石混凝土、浆砌块石 0.5~0.7 m。堤较高时经结构检算确定。

堤顶要平顺,不能做成台阶状,不同高度间和凹岸超高段要向上下游渐变过渡。平面上的转折要圆顺,转角不要过大。

一般采用浆砌圬工砌筑,留沉降缝,间距 20~30 m,缝宽 1~3 cm。

4.6.3.2 土堤及护面

土堤结构为梯形，顶宽要满足机械作业要求，边坡坡率不陡于 1∶1.5，迎水坡要防护；填土的压实系数不低于 0.90，明确其粒径与级配要求。

坡面防护措施视流速而异，有以下类型[49]：

（1）干砌片石护坡：适用于流速<3 m/s 的情况，辅以厚 10 cm 的砂垫层；采用墁石基础（冲刷深度小于 1.0 m/s 时）或浆砌片石脚墙基础（冲刷深度大于 1.0 m/s 时）。墁石基础为倒梯形，顶宽为 1.5~2.5 倍冲刷深度，厚度不小于 1.5 倍护坡厚度（图 4.16）。

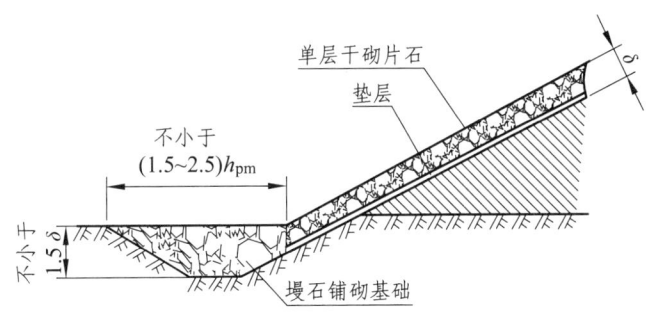

（a）干砌片石护坡的墁石基础

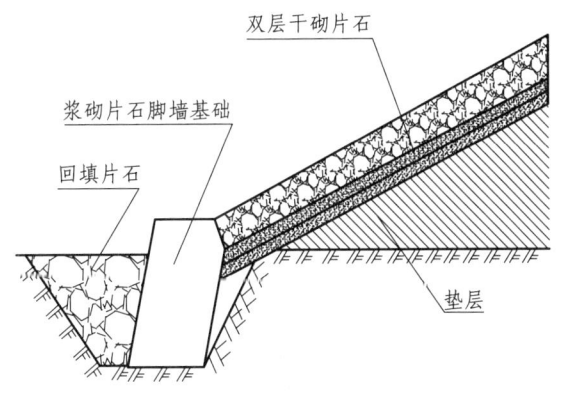

（b）脚墙基础

图 4.16 干砌片石护坡的墁石基础与脚墙基础[49]

（2）浆砌片石护坡：最小厚度 35 cm，流速>6 m/s 时厚 50~60 cm，辅以厚 10 cm 的卵石垫层，留伸缩缝与泄水孔。采用浆砌片石或混凝土的脚墙基础（图 4.16）。

（3）混凝土护坡：C15 混凝土，适用于流速>6 m/s 的情况；厚 0.2~0.3 m，方块状，边长 2 m，辅以厚 10~30 cm 的垫层；采用浆砌片石或混凝土的脚墙基础。

（4）石笼防护：石笼贴堤岸逐笼呈半品字形码砌，适用于堤底防护，过高则规模过大。

4.6.3.3 埋深及防冲

（1）埋深。

堤基冲刷，尤其是凹岸冲刷掏空是堤防损毁的主要原因，必须按冲刷深度 h_p 计算值加安全值（至少 0.5 m）确定基础埋深。对稀性泥石流，可借用《堤防工程设计规范》的水流冲刷深度 Δh_p 公式计算[63]：

$$\Delta h_p = 23 \frac{\tan\frac{\alpha}{2} \cdot v^2}{\sqrt{1+m^2} \cdot g} - 30d \tag{4.67}$$

对黏性泥石流：

$$\Delta h_p = 23 \frac{\left(\tan\frac{\alpha}{2}\right) \cdot v^2}{\sqrt{1+m^2} \cdot g} - 6\frac{v_n^2}{g} \tag{4.68}$$

式中　α——水流流向与岸坡交角（°）；

m——迎水面边坡系数（坡率为 $1:m$）；

d——计算粒径（m），近似取 d_{15}；

v——局部冲刷流速（m/s），一般取 $v = Q/(W - W_p)$，其中 Q

为设计流量，W 为原沟道过流面积，W_p 为沟道缩窄部分的断面面积；

v_n——沟床允许不冲刷流速（m/s）。

对弯道凹岸，应按弯道超高的水深计算流速与冲刷深度，加大堤的埋深。

（2）基础防冲。

基础防冲措施视流速而异，有以下类型[49]：

① 流速 4~5 m/s，采用石笼。

② 流速 4~6.5 m/s，采用四面体，用 C20 片石混凝土。允许流速 4.0~4.5 m/s、4.5~5.5 m/s、5.5~6.5 m/s 对应的四面体体积分别为 0.395 m³、0.940 m³、1.838 m³。

③ 流速 5~8 m/s，采用大型砌块，用 C15 片石混凝土。砌块直径 D 可按式（4.69）计算，允许流速 5.0 m/s、6.0 m/s、7.0 m/s、8.0 m/s 的砌块尺寸（宽×长×高，m）分别为 1×1×1、1×2×1、2×3×1、2×3×2。

$$D = \frac{v^2}{25} \qquad (4.69)$$

此式与式（4.55）相比，相同流速起动的最小块径要大一倍，这可能与式（4.55）是起动沟床堆积物，式（4.69）则是起动单个块体有关。

近来已开始用 SNS 主动网茒石形成大型柔性石笼代替大型混凝土砌块防冲护脚，费用低、施工简易快速，效果初显。

4.6.4 潜槛群

当沟岸建筑物与沟底高差不大、筑坝回淤会遭淹埋时，或沟床纵坡甚陡，兴建谷坊群回淤固床效果有限时，为防沟床中堆积物被冲刷揭底和侧蚀岸坡增大泥石流规模，在可能揭底的沟段兴建高度不大的潜槛群，亦可降低沟床纵坡以达减势防冲的目的。

潜槛间距 10 m~25 m，高出沟床 1.0 m~1.5 m；视纵坡陡缓而异，陡则密而高，缓则疏而低。潜槛用圬工砌筑，一般嵌入沟床 1.5 m~2.5 m，应采用过坝、过槛冲刷的公式（4.40）、（4.42）、（4.63）校核。

潜槛群一般采用矩形断面；流速甚大时可采用矮胖梯形断面，顶宽 1.5 m~2.0 m，上游坡比（1∶0.5）~（1∶0.7），下游坡比（1∶0.05）~（1∶0.1）。

4.6.5 停淤场

停淤场在出沟口后有平缓开阔地时设于沟侧，利用泥石流宽展降速而停积其固体物质，与拦砂工程共同拦截泥石流固体物质。尽量避免围圈泥石流主沟道作为停淤场，无次生危害时才可将堆积扇设为天然停淤场，还可分级形成分散式停淤场（图 4.17）。

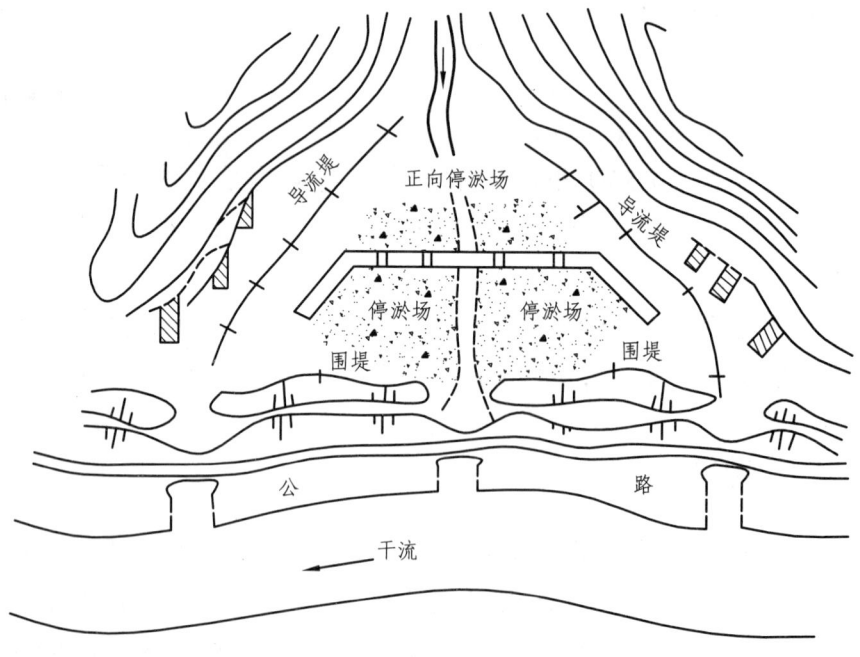

图 4.17 分散式停淤场工程图[42]

要在引流口设圬工拦挡坝及堤,将泥石流引入沟侧的停淤场。拦淤堤所受力甚低,可为土质并可多级设置,必要时设圬工护面和圬工溢流段。拦淤堤设溢流口排水,溢流口下接集流沟,排水入主沟或主河(图4.18)。

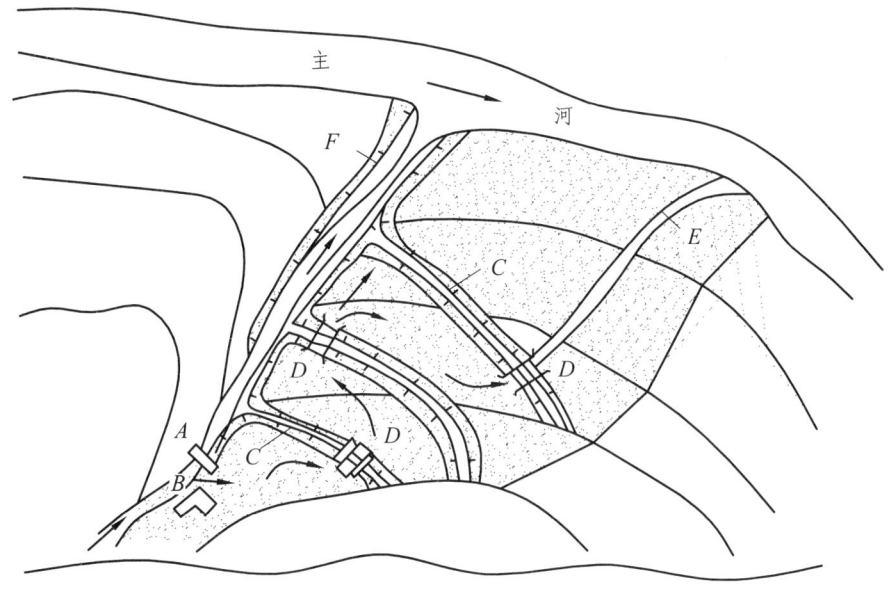

图4.18 停淤场工程结构物布置图[42]

A—拦挡坝;B—引流口;C—围堤;D—分流口;E—集流沟;F—导流堤

一般拦淤土堤的顶宽不小于 2 m,迎水坡不陡于 1∶1.5,背水坡不陡于 1∶1.25。堤高为拦淤高度+安全超高(1~2 m),可逐次加高(图 4.19)。停淤和加高后的土质围堤类似于尾矿坝,应参照尾矿土坝进行坝体渗透破坏和边坡稳定性的检算。

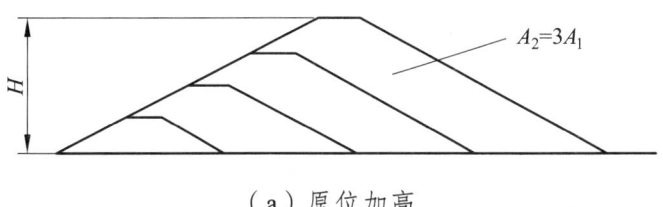

(a)原位加高

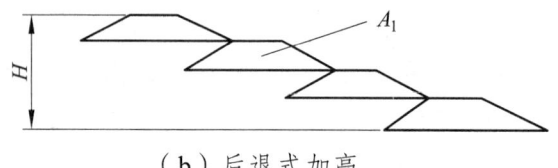

（b）后退式加高

图 4.19　拦淤土堤加高断面图[42]

例如，云南东川著名的泥石流沟蒋家沟设停淤场 3 级，于 1972—1982 年 10 年间共停淤 805 万 m³。

2010-8-13 后在震区的三大泥石流片区设置了多座停淤场。因场地限制未能设于沟的两侧，且沟口扇上已无危害对象，也无入主河的次生危害，故利用沟口扇地作为天然停淤场，有的甚至未修围堤而自然停淤。

4.6.6　渡　槽

用于地形上有立交条件从上方绕避道路等线性工程的治理，有渡槽与明洞+渡槽两种形式（图 4.20）。对流量不大于 50 m³/s 且石块粒径小于 50 cm 的稀性泥石流，可直接设跨线渡槽，形式与水利渡槽相似；规模更大或挟石更粗的泥石流则设明洞，洞顶设渡槽[7]。明洞有梁式、拱式（图 4.21）。

渡槽纵坡 i_f（‰）[42]，对稀性泥石流为

$$i_f = 0.59 \frac{D_a^{\frac{2}{3}}}{H_c} \tag{4.70}$$

式中　D_a——平均粒径（m）；

　　　H_c——平均泥深（m）。

对黏性泥石流，渡槽纵坡大于自然沟道纵坡且不大于 15%。

渡槽宽度要不小于 2 倍最大粒径且不小于 4.0 m；渡槽深度要超过泥位不小于 1.0 m，且过流能力不小于泥石流峰值流量的 1.3 倍。结构上对槽底板与入口导墙应予加强。

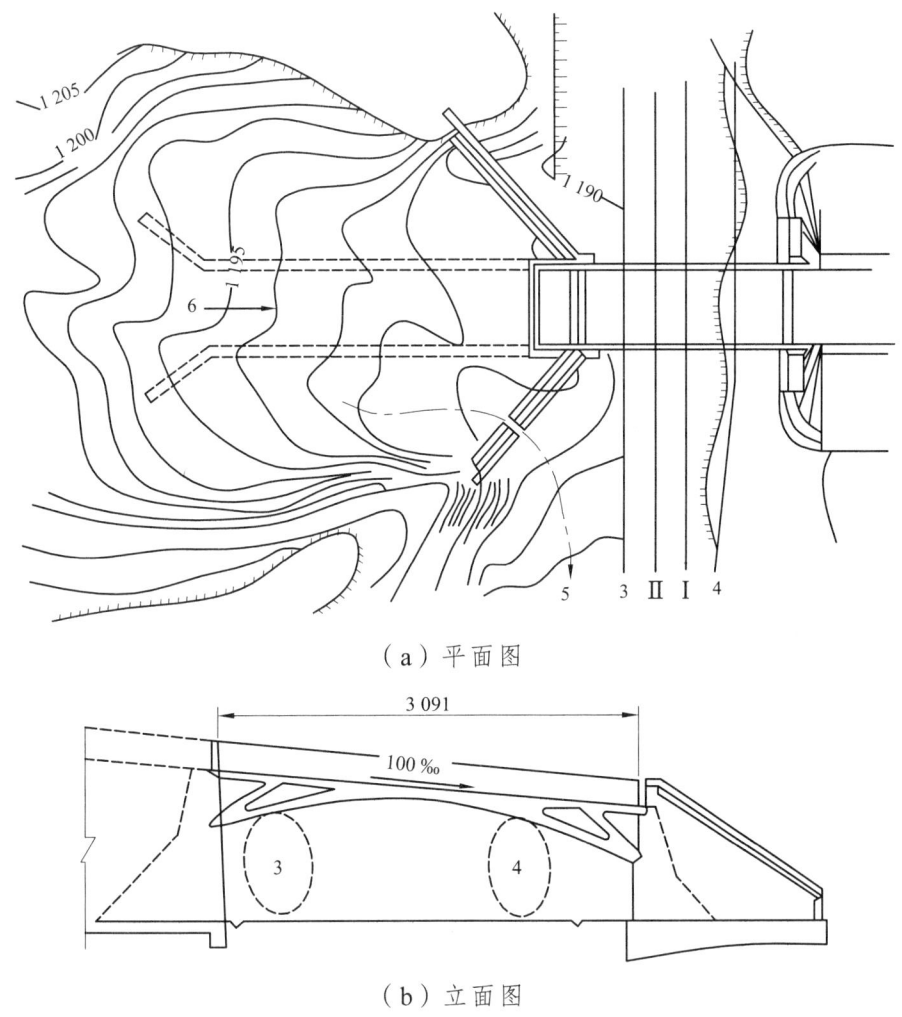

(a)平面图

(b)立面图

图 4.20　宝成铁路红花铺车站渡槽[64]

川甘公路已设明洞渡槽 13 座。成昆铁路瓦洪沟泥石流的明洞渡槽建成后,当年雨季即顺利泄排两次泥石流,计固体物质 12 万 m³[65]。2010-8-13 后,映秀烧房沟出口在 213 国道原明洞顶兴建渡槽上跨,绵竹小岗剑沟口新建明洞渡槽上跨汉清公路,均已发挥作用。

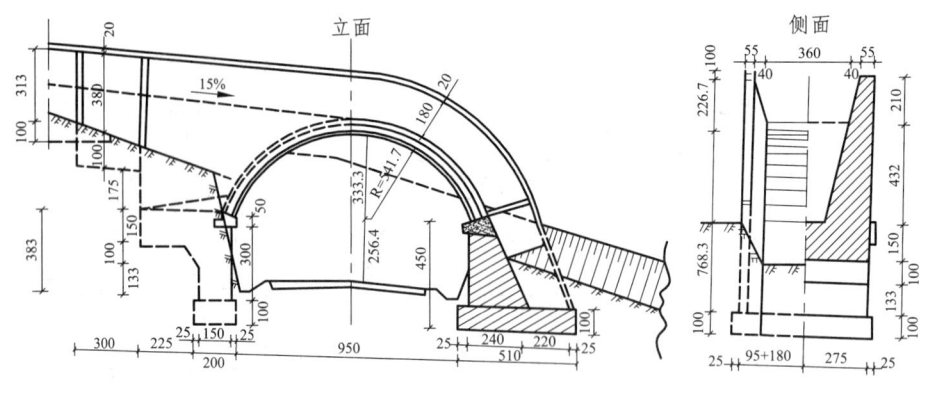

（a）拱形渡槽

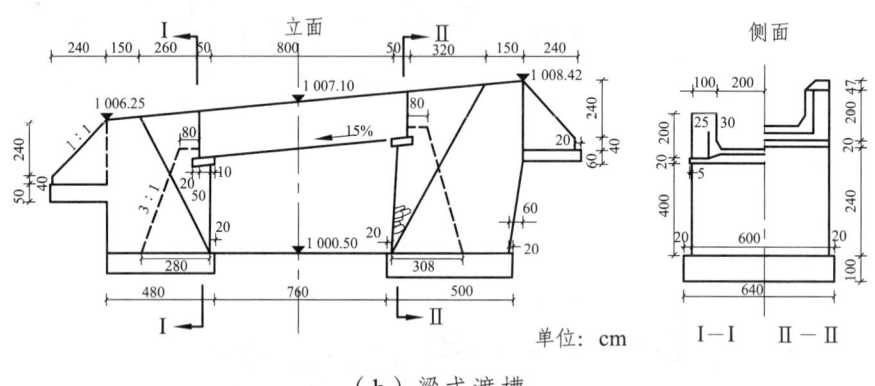

（b）梁式渡槽

图 4.21　渡槽的结构形式（cm）[16]

4.6.7　生物工程

流域植树造林，可保持水土、控制水源，并固土固坡，减轻坡面侵蚀，减少泥石流的固体物源，尤其是细粒物质。但植被的水土保持和根系固土作用是有限的，不应夸大森林破坏在形成泥石流中的作用[66]。

常用的生物工程有形成区的水源涵养林、形成区及流通区的水土保持林、沟道固床防冲林和堤坝防护固滩林等。2010-8-13

后对一些泥石流堆积扇开始进行绿化，类似固滩林，一般应乔灌草结合，呈带状栽植。

单纯植树造林的效果甚小，甚至产生促发泥石流的副作用[67]，应与其他工程配套，形成泥石流防治系统。日本一树不伐而火山灰泥石流频发即例。

4.7 泥石流防治工程的其他设计问题

4.7.1 坝的渗透破坏问题

水库大坝渗透破坏通常包括坝顶溢流溃决和坝体管涌破坏两种类型。

泥石流坝是圬工坝，不会发生溢流溃坝，只有可能发生坝基土体的管涌破坏。由于管涌要求的临界水力坡降甚大，泥石流坝较低矮，一般达不到这一临界水力坡降；同时，管涌有一个发展过程[68]，而泥石流又是瞬时过坝，所以即使坝基流土也难发展为管涌。在以往泥石流坝的设计中尚未考虑渗透破坏问题。

但是，震后泥石流堆积深厚，设计的拦砂坝可能以新近堆积的松散体为持力层，其孔隙率甚高，黏粒含量低，在坝体较高时使人产生可能发生管涌破坏之虑。有经验认为[69]黏粒含量小于25%就为管涌性土。如汶川彻底关沟，常年流水较大，但筑坝后沟水从上游5号坝内下渗，从下游3号坝下流出，5号至3号坝之间沟段因沟水伏流而全为干沟，加之坝体较高，沟床纵坡又较陡，坝基为泥石流堆积层，对这些坝基的渗透破坏问题就必须认真考虑。

因此，必要时应按计算的管涌临界水力坡降 i_{cr}，研判是否有发生管涌之可能。临界水力坡降可据土体的重度、孔隙率和界限颗粒含量及渗透系数按《水利水电工程地质勘察规范》[70]的渗透变形判别公式确定，具体见附录 4.2。

如有管涌破坏之虑，则可采用坝基土体帷幕灌浆（防渗墙）、坝后库底铺黏土层覆盖或设前戗等预防措施[71]。

灌浆帷幕应形成于坝基或上游侧，灌浆孔一般为2~3排，圆形孔要相互交切，排距、列距据试验孔扩散半径确定，深度据应降低的水力坡降确定。都汶路某泥石流沟为防一高坝坝基遭管涌破坏，进行帷幕灌浆，但因缺乏经验，未灌于坝基或上游侧，反而增大水力坡降，只好又在坝上游沟底增加黏土层覆盖予以弥补，应为教训。

坝基土体帷幕灌浆可兼有防渗与加固土基的作用。但由于坝底土质松散多孔、跑浆严重、耗浆量大，应合理确定充盈率，根据试验调整水灰比与压力，甚至自流注浆。如都江堰市都汶路二泥石流沟的各坝，坝基土体帷幕灌浆跑浆严重，平均每米耗水泥数百千克，灌浆费用几与建坝费用相当，好在现场旁站监理点清了灌浆所用水泥袋的数量，方得以认可。

4.7.2　桥基冲刷问题[13]

下穿公路的泥石流要考虑对桥墩台基础的冲刷问题。其冲刷计算公式较多，稀性泥石流可用铁路公式（4.71）计算冲刷深度 h_p（m）：

$$h_p = \frac{A \cdot q}{d^{\frac{1}{2}} \cdot \left(\frac{H}{d}\right)^{\frac{1}{6}}} \tag{4.71}$$

式中　q——单宽流量（m³/(s·m)）；

　　　d——平均粒径（m）；

　　　H——原泥深（m）；

　　　A——系数，直道取0.1，弯道凹岸取0.17。其中凹岸未按曲率半径的大小细化 A 的取值，显得粗放。

鉴于 2010-8-13 的教训，可能先受洪水而非泥石流冲刷的桥涵，应用铁路桥孔的公式计算洪水冲刷深度 h_{pm}：

$$h_{pm} = \left[\frac{A \cdot \left(\dfrac{h_m}{h}\right)^{\frac{5}{3}} \cdot Q_p}{\mu \cdot L \cdot E \cdot d^{\frac{1}{6}}} \right]^{\frac{3}{5}} \quad (4.72)$$

式中　$A = \left(\dfrac{B^{0.5}}{H}\right)^{0.15}$（$B$ 为水面宽，H 为平均水深）；

　　　h_m——最大水深（m）；

　　　h——断面平均水深（m）；

　　　Q_p——设计流量（m³/s）；

　　　μ——水流压缩系数，当孔跨不大于 10 m 且流速不小于 4.0 m/s 时取 0.85；

　　　L——沟道宽（m）；

　　　E——系数，含沙量 <1.0 kg/m³、1～10 kg/m³、>10 kg/m³ 时分别取 0.46、0.66、0.86；

　　　d——平均粒径（mm）。

4.7.3　施工运输、弃渣处置与通道恢复问题

4.7.3.1　施工运输

泥石流沟陡峭，施工运输是制约施工尤其是圬工工程施工之主要因素。现运输方式有：

（1）顺主沟底清理便道溯沟而上。

这种方式存在的问题是各坝只能自上而下逐一施工，工期长，如清平罗家沟；且改变沟道，翻松沟土，易于土石起动。如北川某沟为修上游二谷坊坝，施工便道沿沟展线而上百余米，全段翻

松原已固结的沟土，形成的松散物源量还大于二谷坊坝拦固物源量，只好全段增设固床槽，费用超过建二坝的费用。

当坝体较高时，可在中下游坝体中暂留通道，但对坝体结构不利，且筑坝完工后要封闭，封闭后翻坝路要再增高的难度甚大，如茂县棉簇沟。

（2）旁山修便道到各坝。

这种方式存在的问题是工程量大、弃土量大、占库容多，如绵竹文家沟；甚至从邻沟修便道越分水脊而下，工程更艰巨，甚至还有挡护工程。

如汶川烧房沟的施工便道无法从沟口明洞向上修，只好借道毗邻的红椿沟，翻两沟间的分水脊，再展线而下，沿线设有不少挡墙和被动防护网，工程浩大。

（3）建运输索道，可不止一级。

这种方式存在的问题是建站费用高，还需二次转运。如绵竹洞子沟建两级索道，要进行三次小搬运，费用高于建安工程费。

（4）人背马驮。

这种方式效率低、费用高。如青城山景区内治理工程，每千米每千克材料的马驮运费平均达0.3元。

工程设计中一定要考虑施工运输条件，便道工程过巨、造成松散物源较多时，应考虑就地可取石料的浆砌石拦护工程和简便的固床工程，甚至不设工程，而相应加强下游防治工程。

要完善施工便道设计，使平面、纵剖面、横断面相配套。旁山便道要用代表性横断面定线，据横断面调整平面线位，内侧深挖则外移，外侧高填则内靠，尽量低填浅挖和半填半挖，必要时设坡脚支挡工程。

4.7.3.2 弃渣处置

要妥善处置工程弃方，不允许其成为泥石流人为固体物源。对排护工程，尽量以挖作填；对坝基的大量挖方，要外运堆放，尤其不能就地堆弃于沟中和护坦外。

主体工程完工后，应立即清理沟道弃方，恢复库容与沟道。

如汶川某沟将坝基所挖数千立方米土直接堆弃于坝下护坦之下，有造成人为泥石流之患，初验要求清除，但施工通道已封堵，实施清方遇到了不少困难，所幸皆被克服。

4.7.3.3　恢复坝区通道

建坝、筑堤往往会切断沿沟道路，必须修复或补偿，但不得提高标准，仅原过沟桥涵现过流能力不够的才予改扩建。

复建翻坝路的工程较大，路面应从坝肩靠山翻越，不能受溢流口过流的冲刷；其前后坡段在地形条件可行时应尽量挖方或半填半挖，以免填方侵占库容或受冲刷，并减小填方的护坡工程；向下游坡段应尽量放足纵坡，减少长度。

翻堤人行步道顺堤两侧设上、下人行梯步，至堤顶。

为坝上人行与工程管护，可顺下游面坝坡和溢流口两侧布设踏步，必要时还可在坝顶加设栏杆。

对跨排导槽的道路，通机动车应设小桥，人行则设盖板，两边设护栏。

4.7.4　清库与堤坝问题

4.7.4.1　清库和加高堤坝

由于震后崩滑物源剧增和泥石流暴发频率加大，勘查设计往往对此估计不足，众多拦砂坝在竣工一两年后即被淤满，一些防护堤段的沟道也已淤高，清库和加高堤/坝已纳入工程维护的议事日程。

坝后清淤要有完善的设计。要据所需库容和弃渣场确定清淤规模，进行平面、纵剖面、横断面的配套设计；要贯彻邻坝段浅清、远坝段多清的原则，以免影响坝的稳定性。弃渣场应设在合理运距范围内，妥善处理占地与挡渣工程。

坝的加高要据应增库容确定所增高度，并重新进行稳定性与应力检算。鉴于满库增加了坝的稳定性，应力检算是关键。持力层承载力有富余时，加高坝比清库更可行，必要时二者可结合进行。

加高堤/坝要做好新旧圬工的连接设计，避免出现施工缝。

4.7.4.2 堤坝维护

因坝下防冲护坦工程不力或副坝未能回淤防冲、防护堤埋深不足，竣工一两年后坝基和堤基掏蚀严重，护坦受毁和垂裙掏悬，成为普遍的安全隐患。对此，必须加强汛期和汛后排查，发现掏蚀及时维护。

仅修复是不够的，这可能使掏蚀重演，应在修复的基础上加大工程力度。对坝下加强护坦工程，最好采用多层复合抗冲措施。对堤底，要加深护脚工程，或增设防冲肋。

要按沟道地形地质变化后的特征和工程损毁的现状进行修复与补强设计，必要时进行补充勘查，较重大的作为设计变更通过专家评审。

必须简化程序，赶在下一个汛期之前完工，否则难以度汛，即使提心吊胆艰难度汛，又会因新的情况变化而重新变更设计，构成恶性循环，此类事例已不胜枚举。

附录4.1 滑坡坝溢流溃坝坝址峰值流量及堰塞体体积计算

附4.1.1 选择计算公式的原则

（1）滑坡坝坝体松散、土石混杂，与其组构最接近的水库坝类为土石坝，应选择土石坝的相关公式。

（2）滑坡坝多完全堵塞山区河谷，坝体高度又较大，其下游往往断流，不断流时的水深也远小于堰塞湖水深，水深比小于临界流的水深比，溃决洪流为连续波流，应选用连续波流公式。

（3）滑坡坝坝体松散、长度不大，有全溃之可能；滑坡坝有明显溢流段时，又有瞬间部分溃或逐渐溃之可能。因此要针对具体滑坡坝的特征，从瞬间全溃、瞬间部分溃或逐渐溃的公式中选择计算式。

（4）滑坡坝厚度大，在堰塞湖水深和库容较小时，可能溃不到底。但目前尚无事先预测瞬间一溃到底或溃不到底的方法，更无法预计溃到什么高度。因此，从偏于安全和适用性考虑，应采用瞬间一溃到底的公式。

附4.1.2 选用的计算公式（据谢任之《溃坝水力学》[41]）

（1）瞬间全溃。

选用谢任之统一公式：

$$q_\mathrm{m} = \lambda B g^{0.5} H_0^{1.5} \tag{4.73}$$

$$\lambda = m^{m-1}\left(\frac{2\sqrt{m}+\dfrac{u_0}{\sqrt{g \cdot H_0}}}{1+2m}\right)^{2m+1} \tag{4.74}$$

式中　q_m——峰顶流量（m³/s）；

　　　B——坝址河谷宽度（m）；

　　　H_0——溃坝前上游水深（m）；

　　　m——河谷断面形态指数，对矩形、三角形、抛物线形河谷，m分别取1、2、1~2；

　　　u_0——溃坝前河道平均流速（m/s）。

（2）瞬间部分溃。

因谢任之统一公式（4.73）（或铁道科学研究院公式）中的系数λ（或K_1）难以确定，故宜选用肖克利契经验公式型的公式，即

$$q_\mathrm{m} = A\left(\frac{B}{b}\right)^N b \cdot H_0^{1.5} \tag{4.39}$$

式中　B——堰塞坝全长（m）；

b——溃口宽度（m）；

H_0——溃坝前坝上游水深（m）。

各家公式的参数 A、N 的值见表 4.11。

表 4.11　肖克利契型公式的参数 A、N 值

参数	肖克利契 经验公式	美国水道试验站 修正公式	黄河水利委员会 经验公式
A	0.9	0.908	0.927
N	0.25	0.23	0.4

（3）逐渐溃。

计算溃口最大宽度 b_m 的各家公式中均含有土质系数。谢任之公式列有各种坝料的土质系数值，可供选用。其他公式都只有黏土类和壤土类的土质系数值，显然不适合土石混杂的滑坡坝。因此宜借用谢任之公式计算溃口最大宽度 b_m（m）：

$$b_\mathrm{m} = \frac{W^{0.423} \cdot \phi \cdot H_0}{3E} \tag{4.75}$$

式中　W——总库容（m³）；

ϕ——土质系数；

E——坝横断面面积（m²）。

附 4.1.3　计算参数的选用

（1）坝长 B：因系滑坡锥（扇）体堵河，B 不宜直接采用河谷宽度，而宜用河谷宽度减去滑坡锥（扇）体宽度所余较平缓坝段的长度。

（2）坝上游水深 H_0：因系漫溢溃决，H_0 不应从坝顶而应从溢流水面向下计算，即 H_0 等于（溢流段）坝高加上临界漫溢水头值。

(3)坝上游流速 u_0：因系漫溢溃决，u_0 不等于 0，而等于导致溃决的流速。

(4)河谷断面形态指数 m：滑坡坝所堵山区水道中，如为沟谷，则多为近 V 形的峡谷，断面形态应近似于二次抛物线，取 m 为 1.5；如为河谷，则稍开阔，断面形态应近似于四次抛物线，取 m 为 1.25。

(5)土质系数 ϕ：滑坡坝土质与土石坝最相近，土质系数 ϕ 宜从表 2.15 中之 3、4 栏选取，对土料较多的滑坡坝取 3.65，对石料较多的滑坡坝取 1.68。

(6)坝横断面面积 E：滑坡坝上、下游面坡均很缓，坝体厚度自坝顶向下迅速增大，溃决可能不到底，因此 E 不宜采用整坝的横断面面积，而宜采用可能被冲走的那部分坝体的横断面面积。

附 4.1.4　堰塞体体积计算（图 4.22）

对三角形堵河所需的泥石流堆积体体积 Q_s（m³），笔者新推导的估算公式为

$$Q_s = \frac{B}{2}\left(\frac{1}{\tan 14°} + \frac{1}{\tan \varphi_w}\right) \cdot \left(\frac{\tan^2 \varphi_c \cdot B^2}{3} + \tan \varphi_c \cdot h \cdot B + h^2\right) + \frac{(\tan \varphi_c \cdot B + h)^3}{3\tan \varphi_w \cdot (\tan \alpha - \tan \varphi_c)} \tag{4.76}$$

对梯形堵河所需的滑坡堆积体体积 Q_s（m³），笔者新推导的估算公式为

$$Q_s = \left[\frac{B}{2}\left(\frac{1}{\tan \varphi_1} + \frac{1}{\tan \varphi_2}\right) + b\right] \cdot \left(\frac{\tan^2 \varphi_L \cdot B^2}{3} + \tan \varphi_L \cdot h \cdot B + h^2\right) + \left(\frac{(\tan \varphi_L \cdot B + h)^2}{\tan \alpha - \tan \varphi_L}\right) \cdot \left(\frac{\tan \varphi_0 \cdot B + h}{3\tan \varphi_0} + \frac{b}{4}\right) \tag{4.77}$$

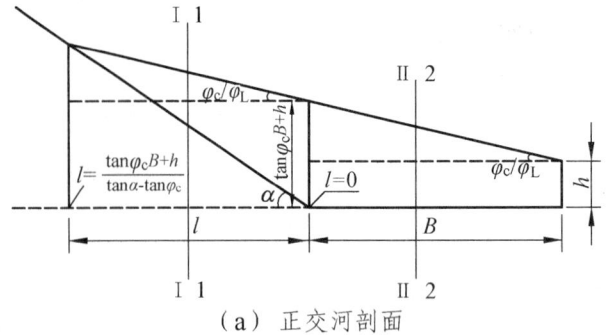

(a) 正交河剖面

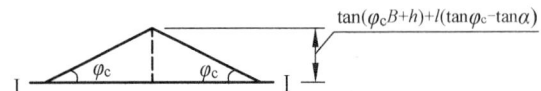

(b) 扇上泥石流堆积体顺河三角形剖面

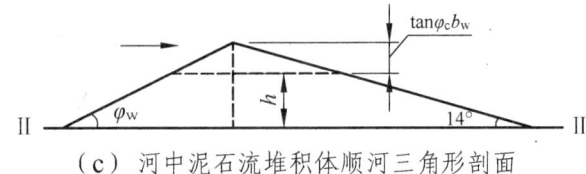

(c) 河中泥石流堆积体顺河三角形剖面

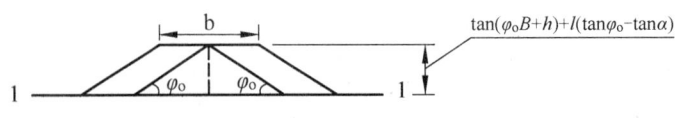

(d) 岸坡滑坡堆积体顺河梯形剖面

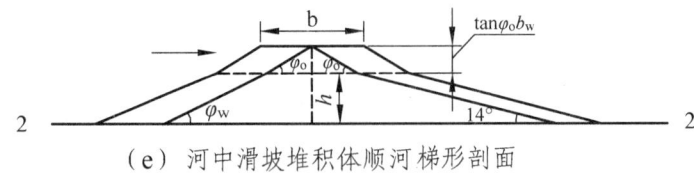

(e) 河中滑坡堆积体顺河梯形剖面

图 4.22 堵河堆积体示意剖面图

式中 B、h——河面宽度、水深（m）；

b——滑坡堆积体顺河顶宽（m）；

α——沟口原堆积扇或岸坡的坡度（°）；

ϕ_c——泥石流堆积体纵坡，无实测时按 1/2～3/4 堆积扇纵坡估计（°）；

φ_{w}——堆积体水下安息角（°）；

φ_{L}——滑坡堆积体纵坡（°）；

φ_0——滑坡堆积体安息角（°），一般为35°；

φ_1、φ_2——滑坡堆积体的安息角与14°、与水下安息角的按高度的加权平均值。

对沟谷泥石流，沟床狭窄，谷坡高陡，高位崩滑体突滑，往往形成松散堆积锥直接堵沟，此时堆积纵坡 φ_{L} 也达安息角 φ_0，一般取 35°，φ_1、φ_2 均近似取为 30°，则堵沟所需堆积体的最大体积可近似地简化为式（4.78）：

$$Q_{\mathrm{s}} = (1.732B+b) \cdot (0.163\ 4B^2 + 0.7h \cdot B + h^2) + \left[\frac{(0.7B+h)^2}{\tan\alpha - 0.7}\right] \cdot \left(\frac{0.7B+h}{2.1} + \frac{b}{4}\right) \quad (4.78)$$

现推导如下：

（1）泥石流堆积体三角形堵河。

堆积体与主河正交，设正交河截面由河中横梯形和扇上三角形组成。河中横梯形底平、高 h（彼岸）与（$B\tan\varphi_{\mathrm{c}}+h$，此岸）、顶斜 φ_{c}，其顺河截面为高（$b_{\mathrm{w}}\tan\varphi_{\mathrm{c}}+h$）、迎水坡 φ_{w}、背水坡 14°、底平的三角形；扇上三角形端高（$B\tan\varphi_{\mathrm{c}}+h$）、底斜 α、顶斜 φ_{c}、长 $l = \dfrac{\tan\varphi_{\mathrm{c}} \cdot B + h}{\tan\alpha - \tan\varphi_{\mathrm{c}}}$，其顺河截面为高 $H = \tan\varphi_{\mathrm{c}} \cdot B + h + l \cdot (\tan\varphi_{\mathrm{c}} - \tan\alpha)$、两坡均为 φ_{c}、底平的三角形。则河中顺河三角形面积：

$$\Delta_1 = \left(\frac{1}{2 \times \tan 14°} + \frac{1}{2\tan\varphi_{\mathrm{w}}}\right) \cdot (\tan\varphi_{\mathrm{c}} \cdot b_{\mathrm{w}} + h)^2$$

沿河宽 b_{w} 从 h 至（$B\tan\varphi_{\mathrm{c}}+h$）对上式积分，得河中泥石流堰塞体的体积（$\mathrm{m}^3$）：

$$Q_1 = \frac{B}{2}\left(\frac{1}{\tan 14°} + \frac{1}{\tan\varphi_{\mathrm{w}}}\right) \cdot \left(\frac{\tan^2\varphi_{\mathrm{c}} \cdot B^2}{3} + \tan\varphi_{\mathrm{c}} \cdot h \cdot B + h^2\right)$$

扇上顺河三角形面积：

$$\Delta_2 = \frac{1}{\tan\varphi_c} \cdot [\tan\varphi_c \cdot B + h + l \cdot (\tan\varphi_c - \tan\alpha)]^2$$

沿底长 l 从 0 至 $\dfrac{\tan\varphi_c \cdot B + h}{\tan\alpha - \tan\varphi_c}$ 对上式积分，得扇上泥石流堆积体的体积（m^3）：

$$Q_2 = \frac{(\tan\varphi_c \cdot B + h)^3}{3\tan\varphi_w \cdot (\tan\alpha - \tan\varphi_c)}$$

故泥石流堰塞所需总体积 $Q = Q_1 + Q_2$，即为式（4.76）。

（2）滑坡堆积体梯形堵河。

堆积体与主河正交，设正交河截面仍由河中横梯形和扇上三角形组成。河中横梯形底平、高 h（彼岸）与（$B\tan\varphi_0 + h$，此岸）、顶斜 φ_L，其顺河截面为高（$b_w\tan\varphi_L + h$）、顶宽 b、迎水坡 φ_2、背水坡 φ_1、底平的梯形；扇上三角形端高（$B\tan\varphi_c + h$）、底斜 α、顶斜 φ_L、长 $l = \dfrac{\tan\varphi_L \cdot B + h}{\tan\alpha - \tan\varphi_L}$，其顺河截面为高 $H = \tan\varphi_L \cdot B + h + l \cdot (\tan\varphi_L - \tan\alpha)$、顶宽按三角形平面为 $0 \sim b$（平均 $b/2$）、两坡均为 φ_0、底平的梯形。则河中顺河梯形面积：

$$\Delta_1 = \left(\frac{1}{2\tan\varphi_1} + \frac{1}{2\tan\varphi_2}\right) \cdot (\tan\varphi_L \cdot b_w + h)^2 + b \cdot (\tan\varphi_L \cdot b_w + h)$$

沿河宽 b_w 从 h 至（$B\tan\varphi_L + h$）对上式积分，得河中滑坡堰塞体的体积（m^3）：

$$Q_1 = \left[\frac{B}{2}\left(\frac{1}{\tan\varphi_1} + \frac{1}{\tan\varphi_2}\right) + b\right] \cdot \left(\frac{\tan^2\varphi_L \cdot B^2}{3} + \tan\varphi_L \cdot h \cdot B + h^2\right)$$

岸坡顺河梯形面积：

$$\Delta_2 = \frac{1}{\tan\varphi_0} \cdot [\tan\varphi_L \cdot B + h + l \cdot (\tan\varphi_L - \tan\alpha)]^2 +$$
$$b \cdot [\tan\varphi_L \cdot B + h + l \cdot (\tan\varphi_L - \tan\alpha)]$$

沿底长 l 从 0 至 $\dfrac{\tan\varphi_L \cdot B + h}{\tan\alpha - \tan\varphi_L}$ 对上式积分，得岸坡滑坡堆积体的体积（m^3）：

$$Q_2 = \left(\frac{(\tan\varphi_L \cdot B + h)^2}{\tan\alpha - \tan\varphi_L}\right) \cdot \left(\frac{\tan\varphi_L \cdot B + h}{3 \times \tan\varphi_0} + \frac{b}{4}\right)$$

故滑坡堰塞所需总体积 $Q = Q_1 + Q_2$，即为式（4.77）。

算例：前述利子依达泥石流堵塞大渡河，$B = 120\ m$，$h = 13\ m$，沟口段纵坡 6.73°，堆积纵坡按最大值 0.75α 计为 5°，泥石流为黏性，按 $\varphi = 25°$ 算，则按式（4.76）算得堵河所需泥石流固体物质体积为 430 350 m^3，虽为式（4.37）的 6.89 倍，但仍小于此次泥石流输入的固体物质总量 67.5 万 m^3[16]，堵河是必然的。

附录 4.2　渗透变形判别公式

（据《水利水电工程地质勘察规范》[70]）

（1）据土的细粒含量 P_c（%），对管涌：

$$P_c < \frac{100}{4(1-n)} \tag{4.79}$$

式中　P_c——相应于粗细粒区分粒径 d_i（mm）的百分含量。对不连续级配的土（级配曲线中至少有 1 个以上粒径级的颗粒含量小于或等于 3% 的平缓段），粗细粒的区分粒径 d_i 取平缓段粒径级的最大与最小粒径的平均粒径或取最小粒径；对连续级配的土：

$$d_i = \sqrt{\frac{d_{70}}{d_{10}}} \tag{4.80}$$

其中：n——土的孔隙率（小数）；

d_{70} 与 d_{10}——小于该粒径的含量占土重 70% 与 10% 的颗粒粒径（mm）。

（2）管涌的临界水力比降 i_{cr} 可用式（4.81）或式（4.82）计算：

$$i_{cr} = 2.2 \cdot (\gamma_s - 1) \cdot (1-n)^2 \cdot \frac{d_5}{d_{20}} \quad (4.81)$$

$$i_{cr} = \frac{42 d_3}{\sqrt{\dfrac{k}{n^3}}} \quad (4.82)$$

式中 γ_s——土的颗粒密度与水的密度之比；

d_5、d_{20}、d_3——占总土重 5%、20%、3% 的土粒粒径（mm）；

k——土的渗透系数（cm/s）。

参考文献

[1] 吴积善等. 泥石流及其综合治理. 北京：科学出版社，1993.

[2] 葛文彬等. GZ/T 0220—2006 泥石流灾害防治工程勘查规范. 北京：中国标准出版社，2006.

[3] 余斌. 根据泥石流沉积物计算泥石流容重的方法研究. 沉积学报，2008（5）.

[4] 崔之久等. 南昆线段家河流域冷水沟泥石流沉积特征研究. 中国地质灾害与防治学报，1993（2）.

[5] 崔鹏等. 汶川地震山地灾害形成机理与风险控制. 北京：科学出版社，2011.

[6] 蒋忠信. 泥石流固体物质储量变化的定量预测. 山地研究，1994（3）.

[7] 蒋忠信，陈光曦等. 中国山区道路灾害防治. 重庆：重庆大

学出版社，1996.

[8] 蒋忠信. 藏东南泥石流沟谷纵剖面演化的最小功模式. 地理科学，2003（1）.

[9] 蒋忠信. 泥石流沟谷演化的不等时距灰色预测. 地理研究，1994（3）.

[10] 乔建平等. 汶川地震极震区泥石流物源动储量统计方法讨论. 中国地质灾害与防治学报，2012（2）.

[11] 蒋忠信. 冰碛湖溃决临界漫溢水头公式的改进//第八次全国岩石力学与工程学术大会论文集. 北京：科学出版社，2004.

[12] 毛昶熙. 局部冲刷综合研究. 北京：水利电力出版社，1959.

[13] 铁道部第三勘测设计院. 铁路工程设计技术手册：桥涵水文. 北京：人民铁道出版社，1978.

[14] 刘希林等. 泥石流危险范围的模型实验预测法. 自然灾害学报，1993（3）.

[15] 王裕宜等. 黏性泥石流体的应力应变特性和流速参数的确定. 中国地质灾害与防治学报，2003（1）.

[16] 中国科学院成都山地所. 中国泥石流. 北京：商务印书馆，2000.

[17] 沈寿长等. 暴雨泥石流流量计算方法研究//铁科院1992年学术报告会论文集（三）.

[18] 蒋忠信. 基于弯道超高的泥石流流速计算探讨. 岩土工程技术，2007（6）.

[19] 游勇. 黏性泥石流弯道运动的实验研究//泥石流（4）. 北京：科学出版社，1995.

[20] 周必凡等. 泥石流防治指南. 北京：科学出版社，1991.

[21] 陈光曦等. 泥石流防治. 北京：中国铁道出版社，1983.

[22] 胡凯衡等. 泥石流冲击力的野外测量. 岩石力学与工程学报，2006（S1）.

[23] 康志成. 云南东川蒋家沟泥石流运动流态特征//中国科学院

兰州冰川冻土所集刊（4）.北京：科学出版社，1985.

[24] 谭炳炎.泥石流沟严重程度的数量化综合评判.铁道工程学报，1986（4）.

[25] 蒋忠信.西南山区暴雨泥石流沟简易判别方案.自然灾害学报，1994，5（1）.

[26] 蒋忠信.泥石流流域系统的超熵.中国地质灾害与防治学报，1992（2）.

[27] 蒋忠信.泥石流沟谷纵剖面形态与流域地貌信息熵//地质灾害国际交流论文集.成都：西南交通大学出版社，1993.

[28] 蒋忠信等.内昆铁路安边至彝良段泥石流沟之简易判别//山地资源开发与持续发展.成都：成都科技大学出版社，1997.

[29] 蒋忠信.灰色系统方法在泥石流变化趋势预测中的应用//灰色系统研究新进展.武汉：华中理工大学出版社，1996.

[30] 唐川等.汶川震区北川"9·24"暴雨泥石流特征研究.工程地质学报，2008（6）.

[31] 蒋忠信.山地降水垂直分布模式讨论.地理研究，1988（1）.

[32] 傅抱璞.地形和海拔高度对降水的影响.地理学报，1992（4）.

[33] 吕儒仁.利子依达沟泥石流形成特征、活动历史和发展趋势//泥石流（3）.重庆：科学技术文献出版社重庆分社，1986.

[34] 蒋忠信.气候序列的最优分割与暴雨的灾变预测.自然灾害学报，1996（4）.

[35] 唐邦兴等.岷江上游茂县叠溪大小海子溃决型山洪泥石流//泥石流（4）.北京：科学出版社，1995.

[36] 殷跃平.西藏波密易贡高速巨型滑坡特征及减灾研究.水文地质工程地质，2000（4）.

[37] 蒋忠信等.冰碛湖漫溢型溃决临界水文条件.铁道工程学报，2004（4）.

[38] 蒋忠信.白什滑坡坝漫溢溃坝的水文条件预测.岩土工程技术，2008（4）.

[39] 崔鹏等. 泥石流起动的突变学特征. 自然灾害学报, 1993（1）.

[40] 崔鹏等. 泥石流输沙及其对山区河道的影响. 山地学报, 2006（5）.

[41] 谢任之. 溃坝水力学. 济南：山东科学技术出版社, 1993.

[42] 中国科学院成都山地所. 泥石流防治工程设计手册. 2002.

[43] 田连权等. 泥石流侵蚀搬运与堆积. 成都：成都地图出版社, 1993.

[44] 陈生水等. 混凝土面板砂砾石坝漫顶溃决过程数值模拟. 岩土工程学报, 2012（7）.

[45] 张军. 泥石流拦砂坝设计荷载初步分析//泥石流（2）. 重庆：科学技术文献出版社重庆分社, 1983.

[46] 蒋忠信. 深埋岩溶隧道水压力的预测与防治. 铁道工程学报, 2005（6）.

[47] 国家标准. GB 50007—2002 建筑地基基础设计规范. 北京：中国建筑工业出版社, 2002.

[48] 罗祥等. 利用废旧轮胎防治滚石的数值模拟分析. 中国地质灾害与防治学报, 2011（4）.

[49] 铁道部第一勘测设计院. 铁路工程设计技术手册：路基. 北京：中国铁道出版社, 1992.

[50] 薛祖淇等. A型梳子坝与梳子坝试验之比较分析//海峡两岸山地灾害与环境保育研究：第二卷. 中华防灾学会, 2000.

[51] 李德基等. 用于泥石流防治的桩基组合式圬工重力坝//泥石流（3）. 重庆：科学技术文献出版社重庆分社, 1986.

[52] 阳友奎等. 坡面地质灾害柔性防护的理论与实践. 北京：科学出版社, 2005.

[53] 阳友奎等. SNS泥石流防护柔性格栅坝的功能原理及应用. 中国地质灾害与防治学报, 1998（3）.

[54] 陈宁生等. 山区道路泥石流工程防治原则与模式. 中国地质灾害与防治学报, 2009（1）.

[55] 游勇. 泥石流排导槽最小不淤纵坡初步试验研究. 水土保持通报, 2000 (6).

[56] 游勇等. 泥石流排导槽水力最佳断面. 山地学报, 1999 (3).

[57] （日）山水高久等. 河弯上泥石流的流态. 孟河清, 译. 泥石流译文集（三）. 中国铁道科学研究院西南所, 1985.

[58] 陈晓清等. 泥石流排导槽研究进展及发展方向. 中国地质灾害与防治学报, 2010 (2).

[59] 王继康. 泥石流防治工程技术. 北京: 中国铁道出版社, 1996.

[60] 游勇等. 泥石流常用排导槽水力条件的比较. 岩石力学与工程学报, 2006 (S1).

[61] 中国科学院成都山地所. 泥石流研究与防治. 成都: 四川科学技术出版社, 1989.

[62] 李德基等. 四川金川八步里沟泥石流及其治理工程设计要点//泥石流（3）. 重庆: 科学技术文献出版社重庆分社, 1986.

[63] 水利部水利水电规划设计总院. GB 50286—98 堤防工程设计规范. 1998.

[64] 徐惟惠. 宝成铁路红花铺站拼装式刚架拱泥石流渡槽. 1986.

[65] 余冠群. 瓦洪沟泥石流整治工程设计//地质灾害国际交流论文集. 成都: 西南交通大学出版社, 1993.

[66] 田昭一等. 森林破坏与泥石流形成关系的探讨.

[67] 陈晓清等. 良好植被区泥石流防治初探. 山地学报, 2006 (3).

[68] 介玉新等. 管涌发展的时间过程模拟. 岩土工程学报, 2011 (2).

[69] 刘杰等. 江河大堤堤基砂砾石层管涌破坏危害性试验研究. 岩土工程学报, 2009 (8).

[70] 水利部水利水电规划设计总院. GB 50287—99 水利水电工程地质勘察规范. 1999.

[71] 李永乐等. 黄河大堤加固工程饱和-非饱和土渗流分析. 工程勘察, 2012 (10).

5 治理工程勘查设计工作要点

5.1 滑坡、不稳定斜坡勘查要点

（1）危害性。

① 危险区范围与危害对象；

② 突滑堵沟的次生灾害；

③ 与重建规划的有机结合。

（2）测绘要点。

① 基本特征。

变形性质（地震、滑移、沉降），变形特征（裂缝、鼓胀、剪出的空间特征与位移，既有工程损毁）与历史；

空间特征（后缘与两侧边界、前缘与次级剪出口、长/宽、面积、规模）及其依据；

结构特征（滑体、滑带、滑床）与滑面依据。

② 类型（滑坡、边坡坍塌、不稳定斜坡）、性质（推移式、牵引式、平推式）、主滑方向。

③ 诱因（切坡、加载、冲刷、暴雨、渗水、地震、水位涨落）与发展趋势。

（3）稳定性分析。

① 选择地质模型：滑面形态，前、后缘，中部剪出，多层滑面；

② 确定滑动面抗剪强度指标：现场大剪、反演条件、粗粒土剪切；

③ 选取设计工况（天然、暴雨、地震、水位涨落）与安全系数；

④ 计算各剖面的稳定性与推力（极限平衡法），稳定性评价应与滑坡各剖面实际变形情况相一致。

5.2　崩塌（危岩）勘查要点

（1）分带勘查。
① 崩塌坡体分带：坡顶崩塌源、中部基岩带、坡脚堆积体；
② 查明各带的特征与稳定性；
③ 危岩/滚石的滚落路径与范围，确定危险区与危害对象。
（2）危岩测绘。
① 调查危岩带，排查危岩体，分区分块；
② 查明卸荷裂隙与卸荷带宽度、结构面及其组合；
③ 危岩带、危岩体空间特征，危石/落石块度。
（3）危岩稳定性分析。
① 定性分析与定量计算相结合；
② 二维失稳模式：坠落、滑移、倾倒；
③ 多层裂隙、主控面、最危险面；
④ 参数确定：裂缝深度及充水深度、裂隙面的力学参数。
（4）落石参数计算与试验。
① 落石块度的选择：
② 落石范围、冲击力、冲击能、弹跳高度；
③ 有条件时进行现场落石试验。

5.3　泥石流工程勘查要点

5.3.1　调绘要点

（1）历次泥石流的性质、特征、规模、物源地、危害及相应暴雨频率，泥痕尤其是弯道泥痕调查。

（2）危害对象与范围，防治目的与紧迫性。
（3）汇水面积、沟道纵坡、冲淤特征。
（4）既有防治工程的结构、功效、稳定性与现状。
（5）主河的水文特征、输沙能力及可能的堵溃灾害。
（6）所穿公路桥涵的过流能力及改扩建的可能性。
（7）流域内水库的规模、运行方式及调洪能力。
（8）堵溃特征、堰塞坝的结构与稳定性。

5.3.2 松散固体物源调查

（1）调查内容：分布、类型、规模、稳定性。
（2）类型：崩塌滑坡体、坡面侵蚀物、沟床堆积物。
（3）规模：静储量、动储量、一次冲出量。

5.3.3 泥石流参数计算

（1）重度。
（2）流速（包括防治工程）。
（3）峰值流量。
（4）据泥痕尤为弯道泥痕印证计算的流速、流量。
（5）一次泥石流总量与一次泥石流冲出的固体物质总量。
（6）泥石流体整体冲压力（对防治工程）。
（7）泥石流冲起高度与泥石流爬高（对防治工程）。
（8）泥石流弯道超高（对防治工程）。

5.3.4 汶川地震区泥石流参数调整

（1）泥石流沟的判别：泥石流沟严重程度评判、潜在泥石流沟的简易判别。
（2）泥石流暴发频率与重度的调整。
（3）泥石流峰值流量的修正，加大堵塞系数 D_c 的取值。

5.3.5　确定拦排泥石流固体物质数量的原则

（1）泥石流固体物质总量＝工程有效期内泥石流暴发的次数×一次泥石流固体物质冲出量

或泥石流固体物质总量＝年平均泥石流固体物质冲出量×工程有效期的年数

（2）根据主河输沙能力与既有桥涵过流能力，以不导致主河、公路次生灾害为度，确定拦（及固、停）－排（护）结合方案中拦与排的比例。

5.3.6　泥石流治理工程主要类型

（1）拦砂工程：实体坝、拦粗排细的缝隙坝、拦石的桩林与柔性网格坝。

（2）固床工程：拦固结合的谷坊群、固床的潜槛群。

（3）排护导工程：排导槽、渡槽、防护堤。

（4）固坡工程：护岸、支挡。

（5）停淤场。

（6）水沙分流：泄洪洞、调洪水库。

5.4　施工图设计工作与文件组成

5.4.1　施工图设计的主要工作

（1）现场调研：在设计前参照专家对勘查报告和可研方案的意见，进一步进行现场调研，深化地质认识。即使对勘查设计一条龙的团队，也可温故而知新。

（2）明确防治范围与防治目标：根据灾害地质体的性质、危险性与危害性，明确防治工程范围；根据技术先进、经济合理、施工可行和与环境协调的原则，明确具体的工程防治目标。

（3）稳定性检算：在熟悉国土系统与相关行业及地方的设计规范的基础上，合理选用计算参数与模型，进行崩塌、滑坡稳定性等检算和泥石流参数计算。

（4）优化工程方案：在可研、初设的基础上优化防治工程方案，但又不拘泥于审定的可研、初设方案，进而优化防治工程措施。不将技术不成立的方案作陪衬，多灾点时不笼统打包进行方案对比。

（5）工程结构设计：在工程检算的基础上进行结构设计。包括治理后的稳定性检算、结构受力与参数检算、工程数量计算等。

（6）施工组织与监测设计：提出包括环保措施和安全生产措施在内的建议性施工组织设计和施工工艺要求；提出包括施工期和竣工后的工程监测方案。

（7）编制工程预算。

（8）后续服务：技术交底，贯彻动态设计原则进行配合施工与变更设计，参与工程验交。

5.4.2 施工图设计文件的组成与内容

（1）设计说明书。

保持文本的完整性，内容要包含：

① 设计依据与遵循规范，危害性与治理的必要性；

② 灾害体特征（勘查报告结论及深化认识）；

③ 可研、初设对评审意见的执行情况，施工图设计的优化内容；

④ 崩滑体稳定性与推力检算及泥石流参数计算，地质参数、计算模型及结果汇总；

⑤ 采用的治理方案与工程措施及其针对性评述；

⑥ 工程分项设计，要在稳定性与结构检算的基础上说明工程

范围、平面布置、结构参数与工程数量；

⑦ 建议性施工组织设计：三通一平尤其是施工运输条件、主材、工期安排、施工工艺要求与注意事项以及工程管理、安全生产与环保措施；

⑧ 工程监测设计（施工期与竣工后）；

⑨ 工程总预算。

此外，评审后的修改本还应附对评审意见的执行对照表与说明。

（2）设计图。

图件应齐全，内容要达到施工图的深细度。

施工图应包括工程布置总平面图，分项工程布置平面图，各工程布置剖面图，分项工程结构设计图，崩塌、滑坡支挡工程和泥石流排护工程正面图，危岩主动加固工程布置立面图。工程布置总平面图宜插小图标示各区、各分项工程。

各设计图均应有较详尽的文字说明，包括灾害体特征、工程措施、施工工序、各分项工程的结构与数量、主要工艺要求与注意事项等。

设计图的结构线条要完备并明示，尺寸与数据要标注齐全，图面负担与字体大小要合适，要弱化地形内容，突出工程内容并尽可能分项设色，完善变形破坏与工程地质内容。

（3）计算书。

崩塌（危岩）、滑坡的稳定性与推力计算，落石运动力学参数计算，泥石流特征参数计算；工程结构检算，要包括治理后的安全性检算。不要只罗列电脑程序计算单，要说明计算模型，突出主要计算参数，汇总计算结果并编目。

（4）预算书。

现四川省暂依据2002水利部定额具体化的2007年《四川省水利水电建筑工程预算定额》编制，材料采用最新的政府信息价，独立费用项目按实计列（包括必要的征地拆迁费、预备费），增列工程监测费，编目录。